Wissenschaftliche Reihe Fahrzeugtechnik Universität Stuttgart

Reihe herausgegeben von

Michael Bargende, Stuttgart, Deutschland

Hans-Christian Reuss, Stuttgart, Deutschland

Jochen Wiedemann, Stuttgart, Deutschland

Das Institut für Fahrzeugtechnik Stuttgart (IFS) an der Universität Stuttgart erforscht, entwickelt, appliziert und erprobt, in enger Zusammenarbeit mit der Industrie, Elemente bzw. Technologien aus dem Bereich moderner Fahrzeugkonzepte. Das Institut gliedert sich in die drei Bereiche Kraftfahrwesen, Fahrzeugantriebe und Kraftfahrzeug-Mechatronik. Aufgabe dieser Bereiche ist die Ausarbeitung des Themengebietes im Prüfstandsbetrieb, in Theorie und Simulation. Schwerpunkte des Kraftfahrwesens sind hierbei die Aerodynamik, Akustik (NVH), Fahrdynamik und Fahrermodellierung, Leichtbau, Sicherheit, Kraftübertragung sowie Energie und Thermomanagement – auch in Verbindung mit hybriden und batterieelektrischen Fahrzeugkonzepten. Der Bereich Fahrzeugantriebe widmet sich den Themen Brennverfahrensentwicklung einschließlich Regelungs- und Steuerungskonzeptionen bei zugleich minimierten Emissionen, komplexe Abgasnachbehandlung, Aufladesysteme und -strategien, Hybridsysteme und Betriebsstrategien sowie mechanisch-akustischen Fragestellungen. Themen der Kraftfahrzeug-Mechatronik sind die Antriebsstrangregelung/ Hybride, Elektromobilität, Bordnetz und Energiemanagement, Funktions- und Softwareentwicklung sowie Test und Diagnose. Die Erfüllung dieser Aufgaben wird prüfstandsseitig neben vielem anderen unterstützt durch 19 Motorenprüfstände, zwei Rollenprüfstände, einen 1:1-Fahrsimulator, einen Antriebsstrangprüfstand, einen Thermowindkanal sowie einen 1:1-Aeroakustikwindkanal. Die wissenschaftliche Reihe „Fahrzeugtechnik Universität Stuttgart" präsentiert über die am Institut entstandenen Promotionen die hervorragenden Arbeitsergebnisse der Forschungstätigkeiten am IFS.

Reihe herausgegeben von

Prof. Dr.-Ing. Michael Bargende
Lehrstuhl Fahrzeugantriebe
Institut für Fahrzeugtechnik Stuttgart
Universität Stuttgart
Stuttgart, Deutschland

Prof. Dr.-Ing. Jochen Wiedemann
Lehrstuhl Kraftfahrwesen
Institut für Fahrzeugtechnik Stuttgart
Universität Stuttgart
Stuttgart, Deutschland

Prof. Dr.-Ing. Hans-Christian Reuss
Lehrstuhl Kraftfahrzeugmechatronik
Institut für Fahrzeugtechnik Stuttgart
Universität Stuttgart
Stuttgart, Deutschland

Martin Kehrer

Driver-in-the-loop Framework zur optimierten Durchführung virtueller Testfahrten am Stuttgarter Fahrsimulator

 Springer Vieweg

Martin Kehrer
IFS, Fak. 7, Lehrstuhl für
Kraftfahrzeugmechatronik
University of Stuttgart
Stuttgart, Deutschland

Zugl.: Dissertation Universität Stuttgart, 2023
D93

ISSN 2567-0042   ISSN 2567-0352 (electronic)
Wissenschaftliche Reihe Fahrzeugtechnik Universität Stuttgart
ISBN 978-3-658-43957-6   ISBN 978-3-658-43958-3 (eBook)
https://doi.org/10.1007/978-3-658-43958-3

Die Deutsche Nationalbibliothek verzeichnet diese Publikation in der Deutschen Nationalbibliografie; detaillierte bibliografische Daten sind im Internet über http://dnb.d-nb.de abrufbar.

Planung/Lektorat: Carina Reibold
Springer Vieweg ist ein Imprint der eingetragenen Gesellschaft Springer Fachmedien Wiesbaden GmbH und ist ein Teil von Springer Nature.
Die Anschrift der Gesellschaft ist: Abraham-Lincoln-Str. 46, 65189 Wiesbaden, Germany

Das Papier dieses Produkts ist recyclebar.

Vorwort

Die vorliegende Arbeit entstand während meiner Tätigkeit als wissenschaftlicher Mitarbeiter am Institut für Fahrzeugtechnik Stuttgart (IFS) der Universität Stuttgart und dem Forschungsinstitut für Kraftfahrwesen und Fahrzeugmotoren Stuttgart (FKFS).

Mein besonderer Dank gilt Herrn Prof. Dr.-Ing. Hans-Christian Reuss für die Ermöglichung dieser Arbeit. Herrn Prof. Dr.-Ing. Thomas Maier danke ich für die Übernahme des Mitberichts.

Besonders bedanken möchte ich mich bei meinen Kolleginnen und Kollegen des IFS und FKFS für die gute Zusammenarbeit und angenehme Arbeitsatmosphäre, als auch die zahlreichen Freizeitaktivitäten. Explizit bedanken möchte ich mich bei meinen direkten Kollegen am Fahrsimulator, die mir in den letzten Monaten durch Schaffung von Freiräumen das Verfassen der schriftlichen Arbeit erst ermöglichten. Auch Herrn Dr.-Ing. Gerd Baumann, dem Leiter des Bereichs Kraftfahrzeugmechatronik - Software, ist zu danken, der diese Entlastung überhaupt erst ermöglicht hat.

Zuletzt möchte ich bei meiner Familie, insbesondere meinem Bruder Markus, meiner Schwägerin Jacky und meinen Zwillingsnichten Marlies und Lotte für die Unterstützung, aber auch den Ablenkungen während der Anfertigung dieser Arbeit bedanken.

Stuttgart

Martin Kehrer

Inhaltsverzeichnis

Abbildungsverzeichnis

Tabellenverzeichnis

Abkürzungsverzeichnis

4WD	Allradantrieb (engl. Four-Wheel Drive)
ADASIS	Advanced Drivers Assistant System Interface Specifications
Adasis	Advanced driver assistance interface specification
AES	Audio Engineering Society
AS	Autobahnen
ASAM	Arbeitskreis für die Standardisierung von Automatisierungs- und Messsystemen
ASPICE	Automotive SPICE
BEV	Batterieelektrisches Fahrzeug, engl. Batterie Electric Vehicle
BMBF	Bundesministerium für Bildung und Forschung
BMVI	Bundesministerium für Verkehr und digitale Infrastruktur
CFF	Flimmerfusionsfrequenz (engl. critical fusion frequency)
CPU	Hauptprozessor (engl. Central Processing Unit)
DGPS	Differential Global Positioning System
DiL	Driver in the Loop
DoD-Modell	Modell des Verteidigungsministerium (engl. Department of Defense)
DSL	Domänenspezifische Sprache
ECU	Fahrzeugsteuergerät, engl. Electronic Control Unit
EK	Entwurfsklasse
EKA	Entwurfsklasse für Autobahnen
EKL	Entwurfsklasse für Landstraßen
EKS	Entwurfsklasse für Stadtstraßen
EPSG	European Petroleum Survey Group Geodesy
ES	Erschließungsstraßen
EW	Entwurfselement

FAS	Fahrerassistenzsystem
FCP	Framwork Control Protocol
FIFO	First In - First Out
FKFS	Forschungsinstitut für Kraftfahrwesen und Fahrzeugmotoren Stuttgart
FOV	Field of View
FWD	Vorderradantrieb (engl. Front-Wheel Drive)
hFOV	horizontales Field of View
HiL	Hardware in the Loop
HitL	Human in the Loop
HMI	Mensch-Maschine-Schnittstelle (eng. Human Machine Interface)
HS	Angebaute Hauptverkehrsstraßen
HWD	Hinterradantrieb (engl. Rear-Wheel Drive)
IFS	Institut für Fahrzeugtechnik Stuttgart
IPC	Interprozesskommunikation
JOSM	Java-OpenStreetMap-Editor
KNN	k-nächste-Nachbarn-Algorithmus (engl. K-Nearest-Neighbor-Algorithmus)
LOD	Level of Detail
LS	Landstraßen
MADI	Multichannel Audio Digital Interface
MCA	Motion-Cueing-Algorithmus
MiL	Model in the Loop
MR	Mixed Reality
MS-DOS	Microsoft Disk Operating System
Mutex	Mutual Exclusion Object
MWK	Ministerium für Wissenschaft, Forschung und Kunst Baden-Württemberg

| NDS | Navigation Data Standard |
| NURBS | nicht-uniforme rationale B-Splines |

OEM	Erstausrüster (engl. Original Equipment Manufacturer)
OPA	Offenporiger Asphalt
OSC	Open Sound Control
OSI-Modell	Referenzmodell für Netzwerkprotokole (engl. Open Systems Interconnection)
OSM	OpenStreetMap

RAA	Richtlinien für die Anlage von Autobahnen
RABT	Richtlinien für die Ausstattung und den Betrieb von Straßentunneln
RAL	Richtlinien für die Anlage von Landstraßen
RASt	Richtlinien für die Anlage von Stadtstraßen
RDB	Runtime Data Bus
RDMA	Remote Direct Memory Access
RFM	Reflective Memory
RIN	Richtlinien für integrierte Netzgestaltung
RMS	Richtlinien für die Markierung von Straßen
RMSE	Wurzel des mittleren quadratischen Fehlers (engl. Root Mean Squared Error)
ROBJ	Road Object
ROD	Road Network Editor
RTK	Real Time Kinematic

SC	SuperCollider
SCP	Simulation Control Protocol
SHM	Shared Memory
SiL	Software in the Loop
SIMD	Single Instruction, Multiple Data
SOL	Sicherheitsoptimierte Längsführungsassistenz
SPICE	Software Process Improvement and Capability Determination
SRTM	Shuttle Radar Topography Mission
SSE	Streaming SIMD Extensions
SSR	SoundScape Renderer

StVO	Straßenverkehrs-Ordnung
SUMO	Simulation of Urban Mobility
TCP	Transmission Control Protocol
TraCI	Traffic Control Interface
TSDB	Zeitreihendatenbank (engl. Time Series Database)
TSM	TireSound Modul
UDP	User Datagram Protocol
UUT	Unit Under Test
UX	User Experience
VBAP	Vector Base Amplitude Panning
vFOV	vertikales Field of View
ViL	Vehicle in the Loop
vROBJ	virtual Road Object
VS	Anbaufreie Hauptverkehrsstraßen
VTD	Virtual Test Drive
VZB	Verkehrszeichenbrücken
XiL	X in the Loop

Symbolverzeichnis

M	Mittelpunkt	-
C_κ	Krümmungskamm-Begrenzungskurve	-
K_κ	Krümmungsmittelpunkt	-
n_{FR}	Ausnutzungsgrad des radialen Kraftschlussbeiwerts	-
$\vec{n}$	Normalenvektor	-
n	Anzahl	-
p_0	Refernzschalldruck	Pa
p_D	Schalldruck	Pa
q	Querneigung	%
L	Länge	m
R	Radius	m
$\vec{m}$	Richtungsvektor	-
r	Radialkoordinate	m
S	Startpunkt	-
s	Streckenposition längs	m
B	Bounding Box	-
δt	Zeitspanne	s
t_{Fade}	Einblendzeit	s
t_{Sim}	Simulationszeit	s
t	Streckenposition quer	m
v	Geschwindigkeit	m/s
V	Visus	'
v_{Att}	Attributwert	-
$v_{max\text{-}zul}$	Maximal zulässige Fahrzeuggeschwindigkeit	m/s
x, y, z	Positionen im kartesischen Koordinatensystenm	m
$\dot{x}, \dot{y}, \dot{z}$	Geschwindigkeiten im kartesischen Koordinatensystem	m/s
$\ddot{x}, \ddot{y}, \ddot{z}$	Beschleunigungen im kartesischen Koordinatensystem	m/s²

Griechische Buchstaben

α	Drehwinkel	m
ψ, θ, ϕ	Gier-Pitch-Roll-Winkel	rad

$\dot\psi,\dot\theta,\dot\phi$	Drehraten der Gier-Pitch-Roll-Winkel	rad/s
$\ddot\psi,\ddot\theta,\ddot\phi$	Drehbeschleunigungen der Gier-Pitch-Roll-Winkel	rad/s^2
κ	Krümmung	m^{-1}
Φ	Breitenwinkel	rad
Φ_0	Referenzmeridian	rad
Θ	Polarwinkel	rad

Indizes

Att	Attribut
Aus	Ausfahrt
calc	Kalkuliert
E	Ende
Ein	Einfahrt
Erde	Erde
Fern	Fernpunkt
Fzg	Fahrzeug
G	Gerade
Hex	Hexapod
hl	Hinten Links
hr	Hinten Rechts
i	i-tes Element
iG	Anzahl Elemente bis zum nächsten Element von Typ Gerade
iKl	Anzahl Elemente bis zum nächsten Element von Typ Klothoide
iKu	Anzahl Elemente bis zum nächsten Element von Typ Kurve
in	Eingehend
Junc	Kreuzung
K	Kuppe
Kl	Klothoide
Ku	Kurve, Kreis
l	Links
max	Maximal/obere Beschränkung

min	Minimal/untere Beschränkung
Nah	Nahpunkt
next	Nächstes Element
Obj	Objekt
oct	Oktaven
out	Ausgehend
own	Gleich
pre	Vorgehendes Element
R	Raster
r	Rechts
ref	Referenz
Req	Vorausliegend
S	Start, Anfang
s	Streckenkoordinate Längs
suc	Nachfolgendes Element
T	Reifen
t	Streckenkoordinate Quer
Tab	Schlittensystem
Tilt	Tilt Coordination
Trk	Strecke
vl	Vorne Links
vr	Vorne Rechts
W	Wanne
Z	Verziehung

Kurzfassung

Durch die steigende Anzahl und Komplexität neuer Fahrzeugfunktionen steigt die Nutzung virtueller Testmethoden. Nur darüber kann eine Absicherung der Vielzahl an Testfällen durch eine gezielte virtuelle Darstellung gewährleistet werden. Hierzu werden Simulationsumgebungen geschaffen. Diese stimulieren die entsprechenden Eingänge von Fahrzeugmodellen in Form von Hardware oder Software. Das sich einstellende Fahrzeugverhalten gibt Rückschlüsse über die modellierten Systemfunktionen. Zur Erzielung von validen d.h. mit der Realität übereinstimmenden Ergebnissen ist es erforderlich, dass sowohl die integrierten Modelle als auch die Umgebung hinsichtlich der Modelleingänge validiert werden.

Diese Arbeit beschreibt den Aufbau eines Frameworks ausgelegt auf die Durchführung von Driver-in-the-Loop Simulationen. Hierzu werden zum einen die Aspekte, welche für die menschliche Immersion, d.h. der Stimulation der menschlichen Sinneseingänge, entscheidend sind, untersucht und die Simulation darauf optimiert. Dabei wird vor allem eine durchgehende Toolkette umgesetzt, die eine visuelle, akustische, aber auch vestibuläre virtuelle Welt zur Stimulation der menschlichen Sinne bereitstellt. Zum anderen bedingen virtuelle Testfahrten die Notwendigkeit der Darstellung diverser Fahrzeugfunktionen und Verkehrsszenarien, aber auch die Erzielung valider Ergebnisse. Es wurde eine Softwareumgebung geschaffen, welche die Einbindung und Realisierung von Fahrfunktionen durch Bereitstellung sämtlicher Umweltinformationen erlaubt. Die Generierung von validen Ergebnissen wird durch einen modularen Aufbau, d.h. der Möglichkeit der Einbindung weiterer Simulationsumgebungen, einer Toolkette, welche die Systemgrenzen des Fahrsimulators berücksichtigt, und durch eine durchgängige und dynamischen Szenariengestaltung sichergestellt.

Abstract

The use of virtual test methods is increasing due to the growing number and complexity of new vehicle functions. This is the only way to ensure that the large number of test cases can be validated by means of a targeted virtual representation. Simulation environments are created for this purpose. These stimulate the corresponding inputs of vehicle models in the form of hardware or software. The resulting vehicle behavior provides conclusions about the modeled system functions. In order to achieve valid results, i.e. results that correspond to reality, it is necessary that both the integrated models and the environment are validated with regard to the model inputs.

This work describes the structure of a framework designed to carry out driver-in-the-loop simulations. For this purpose, the aspects that are decisive for human immersion, i.e. the stimulation of human sensory inputs, are examined and the simulation is optimized accordingly. In particular, a continuous tool chain is implemented that provides a visual, acoustic and vestibular virtual world to stimulate the human senses. On the other hand, virtual test drives require the representation of various vehicle functions and traffic scenarios, but also the achievement of valid results. A software environment was created that allows the integration and realization of driving functions by providing all environmental information. The generation of valid results is ensured by a modular structure, i.e. the possibility of integrating further simulation environments, a tool chain that takes into account the system limits of the driving simulator, and by a consistent and dynamic scenario design.

Introduction

Chapter 1 shows the increasing importance and use of the driver-in-the-loop method in the automotive sector. A large number of frameworks are available for implementing these driving simulators, which are made up of a cluster of individual solutions. Existing solutions and methods from the HiL and SiL areas are used. The aim of this work is the development and integration of methods that are designed for use in the DiL environment. The intention is to achieve an increase in immersion and thus the efficient use and expansion of the DiL application area.

Fundamentals

Chapter 2 contains the basics for the methods implemented. For this purpose, the human sense of sight, hearing and balance are described with regard to their function and characteristics are derived from them. Furthermore, geometric principles and properties such as continuity and curvature are defined and their application in the road construction guidelines RAA, RAL and RASt is shown. In a concluding subchapter, communication types and synchronization elements, which can be used for the creation of inter-process communication, are presented.

The Driving Simulator

The driving simulators installed at the IFS are presented in chapter 3. The Stuttgart driving simulator is a dynamic driving simulator. A hexapod combined with a linear table is used as the motion system. A front projection within a dome, in which a full vehicle can be placed as a mockup, serves as visualization. On another simulator, the so-called mobile driving simulator, a static seat box serves as a mockup and a single display provides the visual representation.

Stimulation of the Human Senses

Chapter 4 presents a selection of measures and implemented methods for stimulating the human senses described in Chapter 2. For visual stimulation, measures to reduce simulator sickness are defined on the one hand and a method for transferring the road description to a 3D object, taking into account the limits of human perception, is presented on the other. A reduction of simulator sickness can be achieved by avoiding vection, i.e. the visual perception of movement. In particular, the translational flow can be minimized by e.g. reducing the number of objects or placing them further away. The reduction of the FOV is mentioned as a further measure. When the 3D mesh of the road is generated, it is discretized depending on the maximum possible resolution. This is limited on the one hand by the human eye and on the other hand by the visualization system used. Three different discretization levels of the road object are created and assigned to so-called Level of Details (LODs). These LODs are selected and displayed depending on their distance from the viewer. For these distance limits, reference values are used with regard to the influence value of the road section ahead for vehicle guidance. The range 1 second ahead is particularly important for steering behavior. The close range up to approx. 0.53 seconds is decisive for positioning within the lane.

Auditive perception is stimulated via a setup of loudspeakers. The SuperCollider software generates the sounds of the drivetrain, wind noise and tire noise using wavetable synthesis and reproduces them on the loudspeaker system. The sounds of surrounding vehicles are also generated and provided with temporal effects such as the Doppler effect. These are not played back directly, but are positioned spatially using vector base amplitude panning. Four loudspeakers, positioned in a circle within the simulator dome, are used for this purpose.

In order to be able to integrate not only the road material but also the actual road profile into the auditory representation of the tire noise, a method is presented that is based on modeling the tire as a mass-spring-damper system. The road profile then causes excitation of the model's eigenmodes via a contact model, which are then output via the loudspeakers and represent the mechanical vibration of the tire up to 1 kHz.

For the vestibular stimulation, depending on the determined limits of human perception, its indirect influence on immersion is taken into account by techniques such as tilt coordination in the representable route description. In addition, a method is presented that allows the generation of a microscopic road profile. All surface qualities of ISO 8608 can be generated using the method based on Perlin Noise. In addition, typical profiles such as ruts can be represented using additive filter sets.

Integration of Driving Dynamics

In addition to the immersive representation, Chapter 5 describes the necessary integration of a vehicle dynamics simulation and future driver assistance systems. A method is presented for the high-performance calculation of tire contacts based on the OpenDRIVE route description. The task of the method is to determine the track position and its information based on the position in the Cartesian coordinate system. The method consists of two steps. In the first step, the geometry element associated with the position is determined. This is done by checking the position within the bounding boxes of these geometry elements. In a second step, the location within the geometry element is determined using the secant method. Due to the still insufficient performance and the increasing runtime with increasing number of geometry elements of the route description, further optimization of the algorithm is necessary. By using R-trees for the first step of the algorithm, the increase in runtime could be prevented. Furthermore, by using a dynamic programming approach, i.e. by including the previous tire contact position, the search for the geometry element and the convergence of the secant method could be accelerated. This allows a time complexity of $O(1)$ to be achieved, which enables a calculation time of 30 μs (33 kHz) using an Intel Xeon processor E5472.

In addition, a grid model is presented which, assuming small grid dimensions, allows a calculation of several contact points with an additional time requirement per contact point of 0.08 μs.

Three data buses are implemented for the realization of driver assistance systems. The Adasis format is used for predictive route data. The format is based on the OpenDRIVE route description and has been expanded compared to version 2 to include additional road attributes such as lane widths of neighboring lanes. Information from surrounding vehicles is transmitted via a self-defined ROBJ format. This creates a standardized interface within the framework, regardless of the traffic simulation used and the associated communication protocol. Last but not least, the Virtual ROBJ format is used to simplify the representation of vehicles on a virtual route model. For this purpose, the surrounding vehicles are mapped onto a route model relative to the vehicle itself, allowing the track-based relative route positions to be checked.

Virtual Test Drive

The content of Chapter 6 is the provision of a data basis and the description of the control of a scenario sequence for the realization of virtual test drives. To convert real route data into the OpenDRIVE description, a method is presented that allows the use of real data in OSM format. The route is created using straight lines, clothoids and curves and takes into account both compliance with the limits of the German road construction guidelines and the immersion-friendly curvature curves mentioned with regard to the representation via tilt coordination from Chapter 4.

The road network serves as the basis for the definition of a scenario in Open-SCENARIO format. To implement and interpret the format, an application is created that allows triggers to be checked and actions to be executed by loading corresponding plugins. A plugin contains a corresponding data interface including the associated options for conditions and actions. A special scenario design via street tiles for individual scenarios and linked standardized tiles allows the creation of any permutations of scenario sequences as well as a reaction option in the event of e.g. missing scenario conditions.

Framework Design

The entire framework is implemented as a distributed system due to the large number of functions and the different operating systems required in some cases. Chapter 7 describes the structure, including the control of a single computer node and the stored simulation modules. For the necessary external inter-process communication, the use of a reflective memory network is examined in comparison to classic Ethernet networks and this is primarily used for tire contact communication and the closed driver-in-the-loop control loop in order to make the best possible use of the low latencies.

Result

In a final chapter, the framework is evaluated based on the failure rates generated by the test subjects. In general, a decrease in failure rates from 15% to less than 2% can be observed. In particular, the cause of failure simulator sickness was reduced from a former proportion of 100% to a value of around 0%. This illustrates the great importance of a framework tailored to DiL simulation for the best possible use of a driving simulator.

1 Einleitung

Fahrsimulatoren gewinnen immer mehr an Bedeutung in der Automobilent-
wicklung. Der Bedarf an Fahrsimulatoren - erkennbar an der Anzahl der in
Betrieb genommenen Anlagen - steigt (siehe Abbildung 1.1). Grund ist zum
einen der technologische Fortschritt im Bereich der Fahrsimulation und der
damit verbundene große Bereich an Einsatzmöglichkeiten und zum anderen
die Anzahl, Komplexität und der Umfang der eingesetzten Technologien im
Fahrzeug.

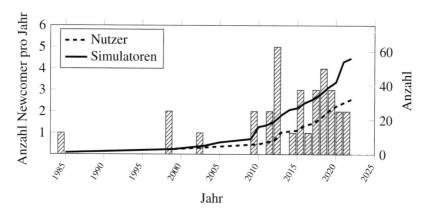

Abbildung 1.1: Anzahl und Nutzer (OEMs, Zulieferer und Forschungsein-
richtungen) von dynamischen Fahrsimulatoren im Automo-
bilbereich

Heutzutage können aufgrund des technologischen Fortschritts Anlagen mit
Bewegungsräumen von über 30 Metern wie z.B. der Simulator *ROADS* von
Renault gebaut werden[151]. Im Bereich der Visualisierung können neue Pro-
jektionssysteme mit bis zu 240 Hz bei 4K, hochaufgelöste LED Videowände
oder Mixed Reality (MR) Brillen realisiert werden [1, 7, 114]. Neue Systemkon-
zepte wie aktuell das im Projekt "Hochimmersiver Fahrsimulator", gefördert
von dem Bundesministerium für Verkehr und digitale Infrastruktur (BMVI),

© Der/die Autor(en), exklusiv lizenziert an
Springer Fachmedien Wiesbaden GmbH, ein Teil von Springer Nature 2024
M. Kehrer, *Driver-in-the-loop Framework zur optimierten Durchführung
virtueller Testfahrten am Stuttgarter Fahrsimulator*, Wissenschaftliche
Reihe Fahrzeugtechnik Universität Stuttgart,
https://doi.org/10.1007/978-3-658-43958-2_1

an der TU Dresden umgesetzte Konzept eines selbstfahrenden Fahrsimulators
[167] erlauben die Realisierung neuer Systemgrenzen und somit neuer Einsatzmöglichkeiten.

Im Fahrzeug birgt die steigende Anzahl an Fahrzeugfunktionen neue Heraus-
forderungen an die Automobilindustrie: Sowohl die Zunahme der benötigten
Leistungsfähigkeit der Steuergeräte im Fahrzeug als auch einen verstärkte
Vernetzung des Fahrzeugs mit dessen Fahrzeugumgebung [163] erfordert ein
intensiveres Testing. Dabei muss nicht nur die Funktion an sich getestet werden,
sondern auch deren User Experience (UX). Auch die Sicherheitsfunktionen,
die bisher zum Teil Oberklassenfahrzeugen vorenthalten waren, werden jetzt in
allen Fahrzeugklassen verbaut. Die verstärkte Komplexität und Vernetzung und
die erhöhten Umfänge sowie Aufwände für Tests erfordern eine neue Form der
Organisation und ein entsprechendes Entwicklungsvorgehen.

1.1 Entwicklungsmethodik Automobil

Richtlinien wie die VDI 2206 [85], die ISO 262626 [103, 104, 105] oder
Automotive SPICE (ASPICE) [179] legen der Automobilindustrie klare Vor-
gehensweisen und Strukturen vor, die für die Entwicklung mechatronischer
sicherer Systeme wie einem PKW notwendig sind. Diese werden kontinuierlich durch veränderte Randbedingungen wie neue Technologien, das autonome
Fahren oder neue Entwicklungsansätze, wie die agile Produktentwicklung, an
die aktuelle Situation angepasst.

Es wird allgemein ein Vorgehen nach dem V-Modell empfohlen [5]. Dieses Modell baut auf einem ständigen Verifikations- und Validierungsprozess auf, der
parallel zur Entwicklung des Gesamtsystems, Teilkomponenten und Module ab-
läuft. Beim PKW werden hierbei die Systemebenen Design, System, Teilsystem
und Module unterschieden. Insbesondere durch die Anwendung agiler Methoden ist eine kontinuierliche Bereitstellung von Software- und Hardwareständen
sichergestellt. Diese liefern je nach Reifegrad entsprechende Testergebnisse,
die direkt Einfluss auf die Weiterentwicklung des Systems nehmen.

Zur Erzeugung dieser Testergebnisse werden neben realen Fahrversuchen auf Teststrecken vermehrt sogenannte XiL Simulationen eingesetzt. Das X steht hierbei stellvertretend für die folgenden Methoden: Model in the Loop (MiL), Software in the Loop (SiL), Hardware in the Loop (HiL), Vehicle in the Loop (ViL) und Driver in the Loop (DiL). Die Methoden werden je nach Entwicklungsstand eingesetzt (siehe untere Abbildung 1.2). Die Verkürzung der früheren Entwicklungszeit eines Automobils von 3,5 Jahren auf 2 Jahre bedingt den verstärkten Einsatz dieser virtuellen Testmethoden. Laut [73] ist von einem ehemaligen Anteil von 20% gegenüber physikalischen Tests ein Anstieg auf 80% notwendig.

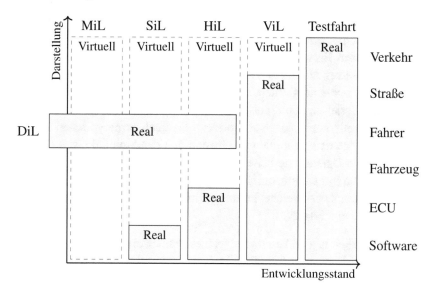

Abbildung 1.2: Gegenüberstellung der XiL Verfahren basierend auf [145]

1.2 Motivation

Wie das vorherige Kapitel verdeutlicht, kann das Entwicklungswerkzeug Fahrsimulator die methodische Entwicklung in vielen Phasen unterstützen. Wie in Abbildung 1.2 ersichtlich ist das DiL Verfahren in Kombination mit MiL, SiL und HiL Methoden einsetzbar mit dem Unterschied, dass ein Realfahrer gegenüber einem virtuellen Fahrer eingesetzt wird. Hierdurch können subjektive Bewertungen der Unit Under Test (UUT) durch die Probanden erfolgen. Es wird dargestellt, dass sogar ein Einsatz der DiL Methode vor einem ersten Entwicklungsstand möglich ist. Somit können auch subjektive Einschätzungen von Konzeptideen erfolgen, bevor ein erster Entwicklungsschritt stattgefunden hat. Es können Konzepte frühzeitig verworfen oder detaillierter spezifiziert werden. Um das Entwicklungswerkzeug Fahrsimulator für die eben genannten Ziele einsetzen zu können, ist eine entsprechende Simulationsumgebung (Framework) notwendig. Diese muss zum einen eine ausreichende Simulationsgüte zur Erzielung repräsentativer Ergebnisse aufweisen und zum anderen die Integration sowohl von Konzeptideen als auch prototypischen bzw. bestehenden Systemen ermöglichen. Hinsichtlich der Simulationsgüte ist eine entsprechende Darstellung der virtuellen Umgebung gegenüber dem Fahrer notwendig. Die Systemintegration hingegen bedingt die Bereitstellung einer geeigneten Datenmenge, welche die Integration und insbesondere die Abbildung von Konzeptideen erlaubt.

Ziel dieser Arbeit ist die Ausarbeitung eines Frameworks, welches die oben genannten Anforderungen erfüllt. Dabei soll auch eine möglichst große Flexibilität bzgl. der Integration von Simulationsmodulen wie Fahrdynamiksimulationen erreicht werden. In diesem Bereich existieren bereits Frameworks wie z.B. VIRES Virtual Test Drive (VTD), welche den Betrieb eines Fahrsimulators ermöglichen. Allerdings genügen diese nicht allen Anforderungen hinsichtlich einer maximalen Flexibilität und sind nicht speziell für eine DiL Simulation ausgelegt. Sie dienen aber als Grundlage für den Aufbau eines eigenen Frameworks einschließlich einer durchgängigen Toolkette zur Erstellung virtueller Testfahrten.

1.3 Aufbau der Arbeit

In Kapitel 2 werden für die Umsetzung des Frameworks notwendige Grundlagen vorgestellt. Dabei wird zum einen auf diverse Formate und Richtlinien eingegangen, die für die Gestaltung und Darstellung virtueller Testfahrten benötigt werden. Zum anderen wird die Sinneswahrnehmung des Menschen erläutert. Nachdem in Kapitel 3 die am Institut für Fahrzeugtechnik Stuttgart (IFS) verfügbaren DiL Prüfstände vorgestellt werden, gehen die anschließenden Kapitel auf die Erfüllung der im vorherigen Kapitel gestellten Anforderungen ein. In Kapitel 4 geht es um die Immersion des Fahrers durch den Einsatz entsprechender Hardware- und Softwareumgebungen. Es wird insbesondere auf die visuelle und auditive Stimulation eingegangen und die dafür notwendige Toolkette. Mit den Anforderungen an die Einbindung diverser Fahrdynamiksimulationen und die mögliche Einbindung und Realisierung diverser Fahrerassistenzsysteme beschäftigt sich Kapitel 5. Kapitel 6 gibt einen Einblick in das Design und die Durchführung einer virtuellen Testfahrt. Kapitel 7 gibt eine Überblick über die Softwarearchitektur des Frameworks. Insbesondere werden hier die möglichen Kommunikationswege gezeigt und wie die Ausfallsicherheit und Bedienbarkeit des Systems gewährleistet wird. Im abschließenden Kapitel werden die Inhalte nochmals zusammengefasst und die maßgeblichen Ergebnisse aufgezeigt. Daneben wird noch ein Ausblick auf die Weiterentwicklung des System gegeben.

2 Grundlagen

2.1 Driver-in-the-Loop Simulation

Für die Durchführung von DiL Simulationen sind Kenntnisse vom System "Mensch" von essentieller Bedeutung, denn der Mensch bildet zusammen mit dem Fahrsimulator einen geschlossenen Regelkreis. Die Systemeingänge des Menschen sind dessen Sinne, welche auf Basis der erhaltenen Reize Aktionen auslösen. Um diese Reize stimulieren zu können, muss ein Verständnis über die Leistungsgrenzen der Sinne vorhanden sein.

2.1.1 Die visuelle Wahrnehmung

Laut Prof. Karl R. Gegenfurtner: "Die besondere Bedeutung der visuellen Wahrnehmung für Menschen und anderer Primaten kann man an der Größe und der Anzahl der an der Bildanalyse beteiligten Gehirnareale ablesen. Insgesamt sind etwa 60% der Großhirnrinde an der Wahrnehmung, Interpretation und Reaktion auf visuelle Reize beteiligt."[69] Das Auge versetzt den Menschen dabei in die Lage visuelle Reize durch Umwandlung in elektrische Impulse und Weiterleitung an das Gehirn wahrzunehmen. Über diesen Weg werden die meisten Umweltinformationen wahrgenommen und dies ist zum größten Teil verantwortlich für die Auslösung von Reaktionen. Somit ist die visuelle Stimulation eine notwendige Bedingung für eine DiL Simulation.

Um die Funktionsweise des menschlichen Auges zu verstehen, wird das Auge als optisches System mit den Komponenten Hornhaut, Kammerwasser, Augenlinse und Glaskörper modelliert (siehe Abbildung 2.1). Dieser Apparat projiziert die Umgebung seitenverkehrt und kopfstehend auf die Netzhaut (Retina), die das einfallende Licht über Fotorezeptoren in elektrische Impulse umwandelt. Bei den Fotorezeptoren werden Stäbchen und Zapfen unterschieden. Die Stäbchen reagieren schon bei geringer Lichteinstrahlung (Absorptionsmaximum

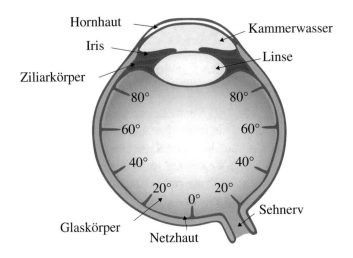

Abbildung 2.1: Optischer Apparat des Auges [56]

bei 500 nm) und sind somit für das Hell-Dunkel-Sehen in dunklen Umgebungen verantwortlich. Zapfen reagieren erst bei höherer Lichteinstrahlung und ermöglichen das Farbsehen durch unterschiedliche Empfindlichkeiten bzgl. der Wellenlänge des Lichts. Es werden die folgenden drei Typen unterschieden: L-Zapfen (Rot, 570 nm, 46%), M-Zapfen (Grün, 540 nm, 46%) und S-Zapfen (Blau, 420 nm, 8 %).

Die Fotorezeptoren sind nicht gleichmäßig über die Retina verteilt. Die Zapfen besitzen ihre höchste Dichte in der sogenannten Sehgrube (Fovea centralis), den Gelben Fleck (Makula, bei $0°$), und die geringste Dichte im Blinden Fleck (bei ca. $15°$ an der Austrittsstelle des Sehnervs). Aufgrund der ungleichmäßigen Rezeptordichte über der Netzhaut ergeben sich winkelabhängige Sehschärfen. Die Sehschärfe, der sogenannte Visus, entspricht dem Kehrwert des Auflösungsvermögens und entspricht im gelben Fleck $1'$ (Winkelminute, engl.: arcmin). In Dunkelheit verringert sich das Auflösungsvermögen auf ein Maximum von $0,1'$ in einem Versatz von $15°$ zum gelben Fleck aufgrund der dortigen höchsten Dichte an Stäbchen [189]. Das Auflösungsvermögen kann sich über das Lebensalter verringern von $0,6'$ auf bis zu $1,6'$ [106, 160]. Daneben haben weitere

Faktoren wie Lichtintensität, Kontrast und Bewegungsgeschwindigkeit Einfluss auf den resultierenden Visus [84].

Tabelle 2.1: Leistungsgrenzen des menschlichen Auges

Eigenschaft	Beschreibung	Parameter	Wertbereich
Visus	Räumliches Auf-lösungsvermögen	Lebensalter	Alter < 20: 0,6′ Normalalter: 1′ Alter > 75: 1,6′
		Lichtintensität	bei 10^{-4} lm: 0,1′ bei 10^{+4} lm: 1,7′
CFF	Zeitliches Auf-lösungsvermögen	Lichtintensität	Hell: 25 Hz Dunkel: 90 Hz
Akkommodation	Bereich der Nah- und Ferneinstellung	Lebensalter	Alter < 20: 9,8 dpt Normalalter: 2,3 dpt Alter > 50: 1,2 dpt
Lichtsensitivität	Unterscheidung Licht-signale	Lichtintensität	10^{-9} lx
Sehschwelle	Minimale Lichtintensität	Farbsehen Farbsehen	SW: $3 \cdot 10^{-6}$ cd/m^2 Farbe: $3 \cdot 10^{-3}$ cd/m^2
	Maximale Lichtintensität	Farbsehen	SW: 3 cd/m^2 Farbe: 10^6 cd/m^2
Farbensehen	Farbnuancen	-	24 bit
hFOV	Gesichtsfeld horizontal	Bi-/Monokular-sehen	3D: 140° 2D: 214°
vFOV	Gesichtsfeld vertikal	-	140°

Die Gesamtbrechkraft des optischen Apparats lässt sich nach der Gullstrand-Formel berechnen. Im Falle des menschlichen Auges ergibt sich eine Gesamt-brechkraft von 59,7 Dioptrien (dpt = m^{-1}) bei einer Brechkraft von 43,1 dpt der Hornhaut und 20,5 dpt der Linse. Aufgrund der möglichen Änderung der Linsenbrechkraft durch Krümmungsänderung infolge von Muskelkontraktionen können Punkte in verschiedenen Distanzen fokussiert werden durch Erhöhung der Gesamtbrechkraft auf bis zu 70,57 dpt [84]. Dieser Bereich wird als Ak-kommodationsbreite A_{Akk} bezeichnet und erstreckt sich vom ca. 10 cm entferntem Nahpunkt d_{Nah} bis zum Fernpunkt d_{Fern} bei annähernd 5 m. Auf-

grund des Verlusts an Elastizität verringert sich die Akkommodationsbreite mit
zunehmenden Alter durch Vergrößerung der Distanz des Nahpunkts auf bis zu
70 cm [48, 84]. Des weiteren verringert sich der Akkommodationsbereich mit
sinkender Intensität des Umgebungslichts auf einen Bereich von 0,5 bis 2 m
bei 0,01 cd/m^2 [84].

$$A_{\mathrm{Akk}} = \frac{1}{d_{\mathrm{Nah}}} - \frac{1}{d_{\mathrm{Fern}}} \qquad \text{Gl. 2.1}$$

Der zuvor erwähnte Prozess der Reizumwandlung in einen elektrischen Impuls
erfordert eine gewisse zeitliche Dauer. Reizeinflüsse unterhalb dieser Mindest-
zeit können nicht mehr getrennt wahrgenommen werden sondern werden als
kontinuierlich wahrgenommen [132]. Das hierzu notwendige Zeitintervall wird
als Flimmerfusionsfrequenz (engl. critical fusion frequency) (CFF) bezeichnet.
Beim Tagessehen bewegt sich die CFF in einem Bereich von 22–25 Hz, wohingegen beim Nachtsehen durch die aktiven Stäbchen Werte von bis zu 90
Hz erreicht werden [166]. Das sogenannte Ferry-Porter-Gesetz [60] beschreibt
den logarithmischen Anstieg der CFF mit der Lichtintensität [93, 127] und das
Granit Harper Gesetz [80] stellt die CFF in Abhängigkeit zur Flächenverteilung
der Lichtintensität dar [12].

Neben weiteren charakteristischen Eigenschaften des Auges wie der absoluten
Sehschwelle (ab $3 \cdot 10^{-6}$ cd/m^2 bis 10^6 cd/m^2) [184], des Grenzwerts zur
Unterscheidung von Lichtsignalen bei 10^{-9} lx [84] oder der Farbunterscheidung
(Schätzungen ergeben eine mögliche Unterscheidung von 20 Millionen Farben,
was annähernd einer Farbtiefe von 24 bit entspricht [123]) erlaubt das Sehen mit
zwei Augen, das sogenannte Binokularsehen, eine Tiefenwahrnehmung. Durch
den Winkelversatz der beiden Bilder kann eine Tiefeninformation gewonnen
werden. Dabei ist das stereoskopische Sehen nur in dem überlappendem Bereich
der Gesichtsfelder beider Augen möglich, mit einem horizontalen Field of View
von 140° [84]. Insgesamt ergibt sich ein hFOV von 214° [129]. Das vertikale
Field of View erstreckt sich von −80° bis 70° [100, 172, 184].

Die Tiefenwahrnehmung kann neben dem Stereosehen auch auf weiteren Reizen basieren (siehe [37]). Einer davon ist der optische Fluss. Mit optischem
Fluss wird die optische Positionsveränderung markanter Objekte bezeichnet,
welche sich bei Änderung der Beobachterposition einstellt. Eine translatorische

Eigenbewegung resultiert in einem Flussfeld, welches radial expandiert, und rotatorische Bewegungen erzeugen parallele Flussvektoren. Im Fall der Translation ist die Größe des Flussvektors abhängig von der Distanz, somit kann auf die Entfernung geschlossen werden. Dabei gilt für die Winkelgeschwindigkeit des Objekts $\Delta\psi_{Obj}$ in Abhängigkeit der Eigengeschwindigkeit v, des zur Bewegungsrichtung seitlichen Objektabstands $d_{\perp,Obj}$ und der Winkeldifferenz zum Objekt ψ_{Obj} folgender Zusammenhang [37]:

$$\Delta\psi_{Obj} = \sin\left(\psi_{Obj}\right)^2 \frac{v}{d_{\perp,Obj}} \qquad \text{Gl. 2.2}$$

Der optische Fluss erzeugt noch einen weiteren Effekt: die Vektion. Unter Vektion versteht man die indirekte Wahrnehmung von Bewegungen über den visuellen Kanal ohne sich selbst zu bewegen. [128] untersuchte unter anderem auch die Wahrnehmung von Rollbewegungen bei reiner visueller Darstellung. Hier ergab sich ein mit der Anregungsfrequenz steigender Schwellenwert von 0,35°/s bei 1 Hz und 0,7°/s bei 5 Hz.

2.1.2 Die auditive Wahrnehmung

Als Schall wird eine mechanische Schwingung bezeichnet, welche sich in einem elastischen Medium ausbreitet. Dabei lassen sich je nach Medium Luftschall, Wasserschall und Körperschall unterscheiden [15]. Mit dem Ohr ist der Mensch in der Lage Schall in der Form von Luftschall wahrzunehmen. Diese Sinneswahrnehmung von Schall wird als auditive Wahrnehmung bezeichnet.

Der Frequenzbereich des Schalls wird in den Infraschall bis 16 Hz, den Hörschall von 16 Hz bis 20 kHz und den Ultraschall oberhalb von 20 kHz unterteilt. Wie es der Name schon andeutet, kann das Ohr Frequenzen im Bereich des Hörschalls wahrnehmen. Einzelne Schallwellen mit einer bestimmten Frequenz werden als Ton bezeichnet. Ein Klang setzt sich aus mehreren Tönen zusammen, deren Frequenzen ein ganzzahliges Vielfaches des Basistons sind. Ein Geräusch hingegen umfasst Schwingungen in allen Frequenzen. [190]

Die Amplitude einer Schallwelle wird über den Schalldruckpegel angegeben. Der Schalldruckpegel L_p beschreibt den Schalldruck p_D bezüglich eines Referenzschalldrucks $p_0 = 2 \cdot 10^{-5}$ Pascal (Pa = N $\cdot$ m^{-2}) wie folgt:

$$L_p = 20 \cdot \log\left(\frac{p_D}{p_0}\right) \qquad \text{Gl. 2.3}$$

Der Schalldruck korreliert dabei mit der empfundenen Lautstärke (siehe Abbildung 2.2). Allerdings führt eine Änderung der Tonhöhe, also der Frequenz, neben der Wahrnehmung einer anderen Tonhöhe auch zu einem veränderten Lautstärkeempfinden. Die Lautstärke ist somit abhängig von der Frequenz. Die Kurven mit konstantem Lautstärkepegel werden als Isophone bezeichnet. Der Mensch kann Lautstärkepegel von 4 bis 130 Phone (phon) wahrnehmen, begrenzt von der Hör- und Schmerzschwelle. Am empfindlichsten ist das Gehör in dem Frequenzbereich von 2 bis 5 kHz, in dem die niedrigsten Schalldruckpegel detektiert werden können. [190]

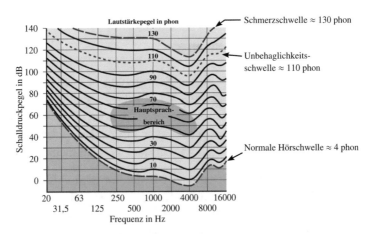

Abbildung 2.2: Isophone im Hörfeld [190]

Im Ohr gelangt der Luftschall über den äußeren Gehörgang zum Trommelfell. Zwischen Trommelfell und Innenohr, dem sogenanntem Mittelohr, sorgen die drei Gehörknöchelchen - Kammer, Amboss und Steigbügel - für die Weiterleitung der eingebrachten mechanischen Schwingungen. Die Gehörknöchel haben die Aufgabe Schwingungen aufgrund der unterschiedlichen Impedanz (akustischer Widerstand) zwischen dem eingehenden Luftschall und dem Flüssigkeitsgefülltem Innenohr anzupassen. Am Innenohr werden die Schwingungen über das ovale Fenster eingebracht. Die notwendige Verstärkung erfolgt dabei zum einem durch die spezielle Anordnung der Knöchelchen, welche als Hebel wirken, und zum anderen durch die deutlich größere Fläche des Trommelfells im Vergleich zum ovalem Fenster. [190]

In der Hörschnecke (Cochlea) des Innenohrs erfolgt das eigentliche Hören. Die Cochlea ist vergleichbar mit einem Schneckenhaus, wobei der Schneckengang über eine Trennwand, die sogenannte kochleäre Trennwand, in einen oberen und unteren Gang unterteilt wird. Der obere Gang ist über das ovale Fenster mit den Gehörknöchelchen im Mittelohr verbunden und der untere Gang endet im sogenannten runden Fenster, welches mit einer elastischen Membran verschlossen ist. Beide Gänge sind mit einer inkompressiblen Flüssigkeit gefüllt. Bei einer eingehenden Schwingung am ovalen Fenster wird die kochleäre Trennwand aufgrund der inkompressiblen Flüssigkeit nach oben und nach unten bewegt. Die elastische Membran des runden Fensters sorgt für die notwendigen Kompensationsbewegungen im unteren Gang. Durch die Bewegung der kochleären Trennwand werden die Sinneshärchen von Haarzellen innerhalb der Trennwand angeregt. Denn innerhalb der Trennwand befindet sich das sogenannte Corti-Organ. Das Corti-Organ besteht dabei aus einer Basilarmembran, welche die Haarzellen trägt. Die Sinneshärchen der Haarzellen sind dabei mit einer weiteren Membran, der Tektorialmembran verbunden. Beide Membranen sind an verschiedenen Punkten innerhalb der Trennwand befestigt. In Folge dessen kommt es zu einer Scherung der Sinneshärchen bei einer Auf- und Abwärtsbewegung der Trennwand, die sogenannte Deflektion. Die durch die Scherung verursachte Änderung des Sensorpotentials innerhalb der Haarzellen kann bis zu einer Frequenz von 5 kHz erfolgen, wodurch Kodierungsmechanismen (z.B. unter Einbeziehung des zeitlichen Verlaufs) notwendig sind, um dem Gehirn auch höhere Tonhöhen mitteilen zu können. Hierfür sind die Ausbreitung und Stärke der Schwingung innerhalb der Cochlea verantwortlich. Die Schwingung, welche sich als Welle innerhalb der Cochlea ausbreitet, besitzt je nach Tonhöhe ein verschobenes Amplitudenmaximum. Je höher die Frequenz des Tons, umso näher liegt das Maximum der Amplitude am ovalen Fenster. Somit reizt eine Tonhöhe einen spezifischen Ort innerhalb der Cochlea, was eine Erkennung der

Tonfrequenz ermöglicht. Dabei kann die Amplitudenerkennung durch eine eingeleitete Verkürzung der Haarsinneszellen im Bereich der Amplitude nochmals verstärkt werden, was die Frequenzselektivität deutlich steigert. [190]

Räumliches Hören

Neben dem Hören an sich ist der Mensch in der Lage Schallquellen zu verorten. Hierbei unterscheidet sich die Funktionsweise bei dem Schalleinfall in Medianebene d.h. ober- und unterhalb des Kopfes, oder aus seitlichen Richtungen. Schallquellen in der Medianebene verursachen aufgrund der ähnlichen relativen Position ähnliche Signalpegel in beiden Ohren. Aufgrund dessen erfolgt hier der Richtungseindruck monoaural in Folge der richtungs- und frequenzabhängigen Übertragungscharakteristik der Ohrmuschel. Die richtige Zuordnung funktioniert dabei mit bekannten Geräuschen besser, da die richtungsabhängigen Verschiebungen der Pegelanteile bekannt sind. Es können hier Richtungsabweichungen von bis zu 10° erkannt werden [28]. In der Horizontalebene wird das binaurale Hören genutzt um auf Basis von Laufzeit- und Intensitätsunterschieden zwischen den Signalpegeln des rechten und linken Ohres die Signalquelle zu lokalisieren. Laufzeitunterschiede können hier bis zu 0,02 ms und bis zu einer Frequenz von 1,6 kHz detektiert werden [28, 181]. Schalldruckpegeldifferenzen können über den gesamten hörbaren Frequenzbereich bis zu einer Minimaldifferenz von 1 dB ausgewertet werden [190]. Im Vergleich zum monoauralen Hören können hier Winkelunterschiede von bis zu 3 - 4° aufgelöst werden [28, 190].

Für die Entfernungsauflösung spielt die Ausbreitung und der Verlust der Schallintensität eine Rolle. Bei Schallquellen in Form von Punktquellen verringert sich die Schallintensität umgekehrt proportional zur Entfernung aufgrund der Verteilung der konstanten Schallleistung auf eine vergrößerte Kugelfläche. Bezüglich des Schallpegels entspricht eine Entfernungsverdopplung eine Abnahme um 6 dB. Diesen Zusammenhang nutzt das Gehör zur Detektion der Entfernung bekannter Geräusche bis zu einer Distanz von 15 m. Signalquellen in einer Entfernung von über 15 m werden über das Vorhandensein eines gedämpften Empfangs erkannt. Auf die eigentliche Entfernung wird hier auf Basis von Erfahrungswerten oder visuellen Reizen geschlossen. [28]

2.1.3 Die vestibuläre Wahrnehmung

Die vestibuläre Wahrnehmung befähigt den Menschen über sein Gleichgewichtsorgan mit seinem Vestibularapparat Bewegungen wahrzunehmen. Möglich machen das zwei Innenohren. Diese besitzen jeweils drei Bogengangorgane und einen Vorhof mit zwei Macularorganen (siehe Abbildung 2.3). Die nachfolgenden Erläuterungen zur Funktionsweise des Innenohrs sind [189] entnommen.

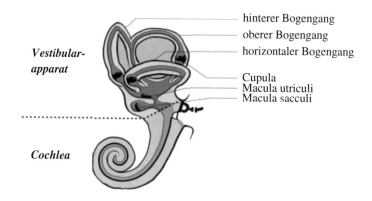

Abbildung 2.3: Schematische Darstellung des Innenohrs [189]

Die drei Bogengänge erlauben durch ihre orthogonale Anordnung zueinander die separate Detektion von Drehbewegungen in allen drei Raumrichtungen. Hierzu befinden sich in den Bogengängen Haarsinneszellen. Diese besitzen Sinneshärchen, welche in den Bogengang hereinragen. Die Bogengänge sind dabei mit einer Flüssigkeit, die Endolymphe, gefüllt und eine gallertartige Masse, die sogenannte Cupula, umhüllt die Sinneshärchen. Eine Auslenkung der Cupula führt zur Änderung des elektrischen Membranpotentials aufgrund einer mechanischen Stauchung der Sinneshärchen. Dieser Prozess wird als mechanoelektrische Transduktion bezeichnet. Die einwirkende Bewegungsrichtung und dadurch resultierende Richtung der Abknickung wird durch eine Verstärkung bzw. Reduktion des Membranpotentials erkannt. Die Abknickung verursacht je nach Bewegungsrichtung eine Öffnung von mehr oder weniger Ionenkanälen, welche einen direkten Einfluss auf das Membranpotential haben.

Diese Membranpotentialänderung erlaubt es Drehbeschleunigungen und deren Richtung zu erkennen. Allerdings haben diverse Studien gezeigt, dass die erkannten Erregung bei höherfrequenten Frequenzen ab $0,1$ Hz eher dem Verlauf der Drehgeschwindigkeit entspricht [128]. Das System kann somit einem stark gedämpften Tiefpassverhalten zugesprochen werden [24, 61].

Die Maculaorgane, Macula utriculi und Macula sacculi (siehe Abbildung 2.3), besitzen die selben Haarsinneszellen wie die Bogengänge. Allerdings ist hier die Cupula der Sinneshärchen noch zusätzlich mit kleinen Steinen bzw. Lithen versehen. Daher die Bezeichnung der Masse als Otolithenmembran. Aufgrund des höheren spezifischen Gewichts der Lithen reagieren diese träger als die umgebende Masse und führen somit zu einem Abknicken der Sinneshärchen. Dies erlaubt den Macularorganen translatorische Beschleunigungen zu detektieren. Aufgrund ihrer orthogonalen Anordnung zueinander können zwei Raumrichtungen unterschieden werden.

Neben translatorischen Beschleunigungen können die Macularorgane auch die Kopfstellung im Raum erfassen. Denn die Lithen verursachen auch durch die Einwirkung der Gravitationskraft eine Erregung. Auf Basis der Erregungsmuster aller Macularorgane kann dadurch die Stellung des Kopfes relativ zur Gravitationskraft erkannt werden.

Wahrnehmungsschwellen

Die für die Detektion verantwortlichen Haarsinneszellen besitzen bestimmte Wahrnehmungsschwellen. Erst wenn eine Bewegung diese Schwelle erreicht, ist der Mensch in der Lage eine Bewegungsänderung über seinen vestibulären Sinn zu detektieren. [55, 61, 183] geben einen guten Überblick über die in der Literatur erwähnten Schwellenwerte. In der Tabelle 2.2 sind einige dieser Schwellenwerte gegenübergestellt.

Wie die Tabelle 2.2 erkennen lässt, kommt es zu großen Unterschieden in den ermittelten Wahrnehmungsschwellen für rotatorische und translatorische Bewegungen. Laut [75] hat das Profil des Anregungssignals dabei einen großen Einfluss auf die Höhe der Wahrnehmungsschwelle. Eine Sprunganregung kann schon ab $0,05$ m/s^2 detektiert werden, wohingegen ein linearer Beschleunigungsanstieg mit einer Änderungsrate von $0,03$ m/s^3 bzw. $0,08$ m/s^3 im Mittel erst ab $0,12$ m/s^2 bzw. $0,19$ m/s^2 erkannt wird. Bei einer Anregung in Parabelform ($\ddot{a}(0)$ = 0,02 m/s^4) liegt der benötigte Beschleunigungsreiz im Bereich von 0,17 m/s^2. Alle Schwellenwerte mit Ausnahme der Sprunganregung liegen dabei im Geschwindigkeitsbereich von 0,2 m/s. Bei der Sprunganregung liegt der Grenzwert bzgl. Geschwindigkeit bei 0,08 m/s. Durch die Nutzung einer Sinusanregung mit einer Frequenz von 0,1 Hz untersucht [110] in einer 28 Probanden umfassenden Studie die resultierenden Schwellenwerte in Längs- und Querrichtung in einem Bereich von bis zu 0,4 m/s^2. Zur Verschleierung der Motorvibrationen des Bewegungssystems wurde das System mit einer stän- digen sinusförmigen Vibration beaufschlagt (70 Hz mit einer Amplitude von 0,01 m/s^2). Die Studie ergibt Beschleunigungsschwellen in Querrichtung von 0,07 m/s^2 und in Längsrichtung von 0,09 m/s^2 mit Geschwindigkeitswerten von 0,1 m/s bzw. 0,14 m/s. [86] führt eine ähnliche Studie durch mit sinus- förmiger Anregung in einem Frequenzbereich von 0,3 - 0,4 Hz. Hier stellten sich Beschleunigungsgrenzwerte von 0,06 m/s^2 ein. [51] erhielt die selben Grenzwerte bei einer Sinus-Anregung von 0,4 Hz. [25] erhielt Schwellenwerte im Bereich von 0,06 m/s^2 in xy-Richtung und 0,15 m/s^2 in z-Richtung auf Basis einer Sinusanregung mit einer Frequenz von 0,33 Hz. [97] betrachtet die sinusförmige Anregung in z-Richtung in einem Frequenzbereich von 0,16 bis 2,2 Hz. Dort zeigt sich eine über den gesamten Frequenzbereich konstan- te Wahrnehmungsschwelle von 0,09 m/s^2. Die bisher beschriebenen Studien wurden unter Ausblendung weiterer Reizeinflüsse wie des Sehen oder Hören durchgeführt. Hierzu wurden die Studien bei absoluter Dunkelheit und unter Verwendung eines Gehörschutzes ausgeführt.

Eine Untersuchung von [157] zeigt zum Teil erhöhte Schwellenwerte im Be- reich höherer Erregungsfrequenzen bei Hinzunahme visueller Reize. Hier konn- te über einen Frequenzbereich von 0,2 bis 2 Hz ein konstanter Schwellenwert 0,17 m/s^2 in horizontaler Richtung und 0,28 m/s^2 in vertikaler Richtung er- zielt werden. Die Studie von [36] konnte die Grenzwerte von 0,15 m/s^2 in xy-Richtung bestätigen.

Hinsichtlich der rotatorischen Wahrnehmungsschwellen konnte [24] in einer Studie mit 30 Probanden Grenzwerte für die Winkelgeschwindigkeiten bei einer Sinusstimulation mit einer Frequenz von 0,3 Hz ermitteln. Für die Nick- und Rollbewegungen ergaben sich Werte von 2,0°/s und für den Gierwinkel 1,5°/s. [79] untersuchte die Frequenzabhängigkeit des Schwellenwerts der

Giergeschwindigkeit und konnte einen Schwellenwert im Bereich von 0,59 bis 2,84°/s ermitteln für sinusförmige Anregungen für den Frequenzbereich von 5 bis 0,05 Hz. [97] untersuchte die Nick- und Rolldrehbeschleunigung im Frequenzbereich 0,1 bis 2,2 Hz. Hier zeigte sich, dass die Schwellenwerte mit Erhöhung der Erregungsfrequenz steigen. So ergaben sich für die Frequenz 0,1 Hz Wahrnehmungsgrenzen im Bereich von $0,18°/s^2$ für Nicken bzw. $0,16°/s^2$ für Rollen, wohingegen bei einer Frequenz von 2,2 Hz Amplituden erst ab 3,18 bzw. $3,03°/s^2$ wahrgenommen wurden. Im Gegensatz dazu zeigten Untersuchungen mit einer visuellen Stimulation deutlich höhere Grenzwerte von 2,0°/s für die Nick- und Rollbewegung [36]. Diesen Unterschied bestätigen auch die Studien von [81, 82, 157], welche Grenzen für die Drehgeschwindigkeit im Bereich von 2,6 bis 3,6°/s angeben.

Tabelle 2.2: Menschliche Wahrnehmungsschwellen bzgl. Bewegungen

Quelle	$\dot{x}\|\dot{y}$	$\ddot{x}\|\ddot{y}\|\ddot{z}$	θ	$\dot{\psi}\|\dot{\theta}\|\dot{\phi}$	$\ddot{\psi}\|\ddot{\theta}\|\ddot{\phi}$
	m/s	m/s^2	°	°/s	°/s^2
[75][1]	0,20|–	0,12..0,19| – |–			
[110][1]	0,14|0,10	0,09|0,07|–			
[86][1]		0,06|0,06|–			
[51][1]		0,06|0,06|–			
[24, 25][1]		0,06|0,06|0,15		1,5|2,0|2,1	
[97][1]		–| – |0,09			–|0,18..3,18|0,16..3,03
[83][1]					0,8| – |–
[79][1]				0,59..2,84| – |–	
[36]		0,15|0,15|–		–|2,0..6,0|2,0..6,0	–|8,0..11,0|8,0..11,0
[157]		0,17|0,17|0,28		2,6|3,6|3,0	
[81]				3,0	
[82]				3,25	
[30][1]			6		
[174][1]				0,51..1,66	
[26]				>15	5,9^2

---

[1]In Dunkelheit.
[2]Wahrnehmbar bei geringen visuell dargestellten Beschleunigungen < 1 m/s.

Die Studie [30] untersucht den Schwellenwert für den Nickwinkel. Dabei wurde unter Anwendung einer langsamen Drehgeschwindigkeit von $0,05°/s$ und maximalen Drehbeschleunigung von $0,005°/s^2$ eine Wahrnehmungsschwelle von $6°$ ermittelt. Eine Betrachtung der Frequenzabhängigkeit in dem Bereich von $0,15$ - 1 Hz zeigten steigende Schwellenwerte sowohl für Nick- als auch Rollwinkel. Die Werte für den Nickwinkel lagen dabei in einem Bereich von $0,51$ bis $1,66°$ und die Rollwinkelgrenzen leicht darunter zwischen $0,47$ und $1,5°$. Eine Darstellung einer visuellen Beschleunigung führt zu einer Verschiebung des Schwellenwerts für den Nickwinkel auf über $15°$ [26].

2.2 Geometrische Grundlagen

In diesem Kapitel werden Grundlagen der Geometrie erläutert, insbesondere der analytischen Geometrie. Hierzu wird ein Überblick über die verschiedenen Koordinatensysteme gegeben sowie eine Auswahl an geometrischen Elementen inklusive deren Beschreibungsformen über Gleichungen vorgestellt.

2.2.1 Koordinatensysteme

Die Angabe der Lage eines Körpers im Raum bedingt die Definition eines Koordinatensystems. Das Koordinatensystem wird über einen Nullpunkt, eine Bezugsrichtung und eine Bezugsebene festgelegt [135]. Je nach Art der Definition dieser Beziehungen existiert eine Vielzahl unterschiedlicher Koordinatensysteme.

Das kartesische Koordinatensystem besteht aus den drei Koordinatenachsen x, y und z. Die x- und y-Achse bilden die Bezugsebene und die z-Achse steht orthogonal auf der Bezugsebene. Die Koordinaten eines Punkts entsprechen den auf die Achsen projizierten Abständen. Die Koordinaten innerhalb des räumlichen Polarkoordinatensystems werden über den Polarwinkel Θ, Breitenwinkel Φ und den Abstand R bestimmt. Φ entspricht dabei dem Winkel zwischen der Bezugsrichtung und dem projiziertem Punkt auf der Bezugsebene. Der Abstand des Punktes von dem Nullpunkt wird über R angegeben und der

Winkel zur Bezugsebene entspricht Θ. Eine Sonderform der Polarkoordinaten sind die sphärischen Koordinaten mit einem konstantem Abstand R.

Beide Darstellungen eines Punktes im Raum sind gleichwertig und können mittels den folgenden Gleichungen zueinander transformiert werden.

$$R = \sqrt{x^2 + y^2 + z^2} \qquad \Theta = \arcsin\left(\frac{z}{r}\right) \qquad \Phi = \arctan\left(\frac{y}{x}\right) \qquad \text{Gl. 2.4}$$

$$x = R\cos(\Theta)\cos(\Phi) \qquad y = R\cos(\Theta)\sin(\Phi) \qquad z = R\sin(\Theta) \qquad \text{Gl. 2.5}$$

Geographische Koordinaten nutzen räumliche Polarkoordinaten zur Beschreibung von Positionen auf der Erdoberfläche. Aufgrund der unregelmäßigen Kugelform der Erde existieren hierfür mehrere Beschreibungsformen. Unter Vereinfachung des Erdkörpers als Kugel entsprechen die geographische Breite und Länge sphärischen Koordinaten. Auch für die Projektion der Winkelkoordinaten der Kugeloberfläche auf eine ebene Fläche können unterschiedliche Verfahren eingesetzt werden. Je nach Kartenprojektionen können hierbei winkel-, flächen- oder längentreue Abbildungen erfolgen. Die Identifikation des verwendeten Koordinatenreferenzsystems erfolgt über ein 4- bis 5-stellige Schlüsselnummer, den European Petroleum Survey Group Geodesy (EPSG) Code.

Eine flächentreue Projektion ist die Sinusoidal-Projektion [171]. Bei dieser Projektion werden durch die Beziehung $y = R_{\text{Erde}} \cdot \Theta$ alle Breitenkreise als Geraden und durch $x = R_{\text{Erde}} \cdot \cos(\Theta) \cdot (\Phi - \Phi_0)$ die Längenkreise als Sinuskurven darstellt. Mit zunehmender Entfernung vom Referenzmeridian Φ_0 und dem Äquator nimmt die Verzerrung der Abbildung stark zu. Zur Erzielung einer winkeltreuen Abbildung kann die Mercator-Projektion verwendet werden [171]. Das Verfahren nutzt unter Annahme einer Kugel eine Zylinderprojektion mit der Abbildung der geographischen Länge über $x = (\Phi - \Phi_0)$ und der Breite mittels $y = \ln\tan(\pi/4 + \Theta/2)$. Eine Erweiterung ist die transversale Mercator-Projektion [116], welche die Zylinderprojektion zusätzlich auf einen Breitengrad referenziert. Hierdurch wird die Verzerrung um den Referenzpunkt minimiert.

Zur Transformation zwischen den diversen geographischen Koordinatensystemen und ihren projizierten Abbildungen wird die Softwarebibliothek PROJ eingesetzt [150].

2.2.2 Kurventheorie

Die Kurventheorie charakterisiert den Verlauf von ebenen und räumlichen Kurven. Hierzu werden Kurven bestimmte Eigenschaften zugeordnet wie die nachfolgend vorgestellte Stetigkeit und Kurvenkrümmung. Die Darstellung von Kurven kann explizit $f(x) = y$, implizit $f(x, y) = 0$ oder in Parameterdarstellung $f(t) = (x(t), y(t))$ erfolgen.

Stetigkeit und Kontinuität

Eine Funktion f heißt an einem definiertem Punkt x_0 stetig, wenn folgende Bedingung gilt [164]:

$$\lim_{x \to x_0} = k f(x_0) \qquad k \in \mathbb{R} \qquad \text{Gl. 2.6}$$

Anschaulich dargestellt besagt dies, dass die Kurve an der Stelle definiert ist und keinen Sprung aufweist. Die hier erreichte Stetigkeit wird als Stetigkeit nullter Ordnung G^0 bzw. C^0 bezeichnet. Es wird zwischen der geometrischen Stetigkeit G und der parametrischen Stetigkeit C mit $k = 1$ unterschieden. Gilt die Bedingung aus Gleichung Gl. 2.6 auch bis zur $n + 1$ fachen Ableitung der Funktion, spricht man von einer G^n/C^n-Stetigkeit. In der Praxis spielen dabei die Tangentenstetigkeit G^1 bzw. C^1 und die Krümmungsstetigkeit G^2 bzw. C^2 eine Rolle zur Erstellung und Kennzeichnung von Übergängen innerhalb von Funktionszügen. In der Abbildung 2.4 sind die Übergänge in Abhängigkeit der eingehaltenen Stetigkeiten C^0, C^1 und C^2 veranschaulicht.

Krümmung

Der Krümmungswert κ ist ein Maß für die Abweichung einer Kurve f bzgl. eines geraden Verlaufs. Eine Gerade besitzt somit einen Krümmungswert $\kappa = 0$. Die Bestimmung der Krümmung erfolgt über einen Kreis aufgrund seines kon-

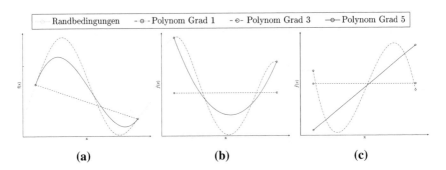

Abbildung 2.4: Gegenüberstellung des Kurvenverlaufs (a) und deren einfachen (b) und zweifachen Ableitung (c) eines Polynoms vom Grad 1, 3 und 5 zur Realisierung der parametrischen Stetigkeiten C^0, C^1 und C^2

stanten Krümmungswerts, welcher dem Kehrwert des Kreisradius R entspricht. Die Krümmung ist dabei wie folgt definiert:

$$\kappa(x) = \frac{\ddot{f}(x)}{\left(1+\dot{f}(x)^2\right)^{\frac{3}{2}}} \qquad \text{Explizite Darstellung}$$

$$\kappa(t) = \frac{\dot{x}(t)\ddot{y}(t)-\ddot{x}(t)\dot{y}(t)}{\left(\dot{x}(t)^2+\dot{y}(t)^2\right)^{\frac{3}{2}}} \qquad \text{Parameterdarstellung}$$

Gl. 2.7

Aus Gleichung Gl. 2.7 folgt, dass ein positiver Krümmungswert einer Linkskurve und ein negativer Wert einer Rechtskurve entspricht. Der zum Krümmungswert zugehörige Kreismittelpunkt, der sogenannte Krümmungsmittelpunkt M_κ, wird nach Gleichung Gl. 2.9 bestimmt und liegt in Richtung des Normalenvektors $\vec{n}$.

$$\vec{n}(x) = \begin{pmatrix} -\dot{f}(x) \\ 1 \end{pmatrix} \qquad \text{Explizite Darstellung}$$

$$\vec{n}(t) = \begin{pmatrix} -\dot{y}(t) \\ \dot{x}(t) \end{pmatrix} \qquad \text{Parameterdarstellung}$$

Gl. 2.8

$$M_K(x) = \begin{pmatrix} x \\ f(x) \end{pmatrix} - \frac{1}{\kappa(x)} \frac{\vec{n}(x)}{|\vec{n}(x)|} \qquad \text{Explizite Darstellung}$$

$$= \begin{pmatrix} x \\ f(x) \end{pmatrix} + \frac{1+\dot{f}(x)^2}{\ddot{f}(x)} \begin{pmatrix} -\dot{f}(x) \\ 1 \end{pmatrix}$$

$$M_K(t) = \begin{pmatrix} x(t) \\ y(t) \end{pmatrix} - \frac{1}{\kappa(t)} \frac{\vec{n}(t)}{|\vec{n}(t)|} \qquad \text{Parameterdarstellung}$$

$$= \begin{pmatrix} x(t) \\ y(t) \end{pmatrix} + \frac{\dot{x}(t)^2+\dot{y}(t)^2}{\dot{x}(t)\ddot{y}(t)-\ddot{x}(t)\dot{y}(t)} \begin{pmatrix} -\dot{y}(t) \\ \dot{x}(t) \end{pmatrix}$$

Gl. 2.9

Der Verlauf des Krümmungsmittelpunkts über die Funktion wird als Krümmungskamm-Begrenzungskurve $C_K = f(t) - M_K(t)$ bezeichnet und die mit der Funktion f einschließende Fläche bildet den Krümmungskamm [58]. In Abbildung 6.1 sind beispielhaft die Krümmungskämme verschiedener geometrischer Funktionen visuell dargestellt.

2.2.3 Ebene Kurven

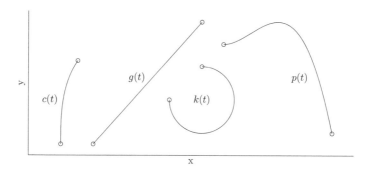

Abbildung 2.5: Ebene Kurven in Form einer Klothoide $c(t)$, Gerade $g(t)$, Kreisbogen $k(t)$ und Polynom $p(t)$

Ebene Kurven umfassen eine Vielzahl an Formen. Geraden, Kreise, Ellipsen, Parabeln, Hyperbeln, Polynome, Splines oder Bézierkurven sind eine Auswahl davon. Sie haben gemeinsam, dass sie ein Intervall in der euklidischen Ebene abbilden.

Gerade

Die einfachste Form ist die Gerade, welche über die Angabe eines Ortsvektors $\vec{c}$ und Richtungsvektors $\vec{r}$ mit dem Steigungswinkel α definiert ist. Aufgrund $f''(x) = 0$ besitzt die Gerade nach Gleichung Gl. 2.7 den konstanten Krümmungswert $\kappa = 0$.

$$g(x) = c + \tan(\alpha)x = c + r \cdot x \qquad \text{Explizite Darstellung}$$

$$g(t) = \begin{pmatrix} x(t) \\ y(t) \end{pmatrix} = \begin{pmatrix} 0 \\ c \end{pmatrix} + t \begin{pmatrix} \cos(\alpha) \\ \sin(\alpha) \end{pmatrix} \qquad \text{Parameterdartellung}$$

Gl. 2.10

Kreis

Der Kreis kann aufgrund seiner Zuordnung mehrerer Funktionswerte zu einem x-Wert nicht vollständig explizit dargestellt werden. Die Kreisfunktion ist somit implizit wie folgt definiert:

$$R_{Ku}^2 = (x - M_{Ku,x})^2 + (y - M_{Ku,y})^2 \qquad \text{Implizite Darstellung}$$

$$k(t) = \begin{pmatrix} x(t) \\ y(t) \end{pmatrix} = \begin{pmatrix} R_{Ku} * cos(t) + M_{Ku,x} \\ R_{Ku} * sin(t) + M_{Ku,x} \end{pmatrix} \qquad \text{Parameterdartellung}$$

Gl. 2.11

Die Kurvenkrümmung entspricht dem Kehrwert des Kreisradius R_{Ku} zum Kreismittelpunkt M_{Ku}. Diese ist konstant über den gesamten Verlauf aufgrund des gleichbleibenden Radius und Kreismittelpunkts.

Klothoide

Eine Klothoide ist eine Kurve mit einer Krümmung, welche sich proportional über die Kurvenlänge L_{Kl} ändert. Der konstante Klothoidenparameter A_κ beschreibt die Stärke der Krümmungsänderung. Der Kurvenverlauf einer Klothoide ist wie folgt definiert:

$$c(t) = \begin{pmatrix} x(t) \\ y(t) \end{pmatrix} = A_\kappa \sqrt{\pi} \begin{pmatrix} \int_0^t \cos\left(\frac{\pi\tau^2}{2}\right) d\tau \\ \int_0^t \sin\left(\frac{\pi\tau^2}{2}\right) d\tau \end{pmatrix} \qquad \text{Gl. 2.12}$$

Hier handelt es sich um Fresnel-Integrale, welche nicht geschlossen lösbar sind. Allerdings können Näherungen auf Basis der Potenzreihen der trigonometrischen Funktionen berechnet werden. Unter Anwendung der Gleichungen Gl. 2.7 und Gl. 2.12 ergibt sich die Krümmung $\kappa(t)$ aus der Bogenlänge L_{Kl} und dem Klothoidenparameter A_{κ}:

$$\kappa(t) = \frac{\sqrt{\pi}t}{A_{\kappa}} = \frac{L_{Kl}(t)}{A_{\kappa}^2} \qquad \text{Gl. 2.13}$$

Polynom

Ein Polynom vom Grad n ist wie folgt definiert:

$$p(x) = \sum_{k=0}^{n} a_{p,k} \cdot x^k \qquad \text{Explizite Darstellung}$$

$$p(t) = \begin{pmatrix} x(t) \\ y(t) \end{pmatrix} = \begin{pmatrix} \sum_{k=0}^{n} a_{p,k,x} \cdot t^k \\ \sum_{k=0}^{n} a_{p,k,y} \cdot t^k \end{pmatrix} \qquad \text{Parameterdarstellung} \qquad \text{Gl. 2.14}$$

Die Erzeugung eines Polynoms, welcher durch n Punkte verläuft, erfordert den Polynomgrad $n-1$ zur Erstellung der $n+1$ notwendigen Randbedingungen. Der Polynomgrad n unterschiedet dabei besondere Polynomfunktionen wie lineare Funktionen vom Grad 1, quadratische Funktionen vom Grad 2 oder kubische Funktionen vom Grad 3.

Alternativ zur Abbildung einer Reihe von Punkten mittels eines Polynoms ist die Anwendung $n-1$ stückweise definierter Polynome, der sogenannte Spline. Aufgrund der Anzahl an Bedingungen von $(n-1) \cdot (n+1)$ wird an den Stützstellen des Splines C^{n-1}-Stetigkeit erreicht. Im Fall eines kubischen Splines resultiert dies in einer C^2-Stetigkeit an den inneren Stützstellen und einer C^1-Stetigkeit an den Rändern. Der Einfluss der Stetigkeit auf den Kurvenverlauf wird in Abbildung 2.4 dargestellt. Um auch an Rändern C^2-Stetigkeit zu erreichen, muss ein kombiniert interpolierender Spline verwendet werden, indem im ersten und letztem Segment Polynome mit einem höherem Grad (hier: 4) angewandt werden [52].

2.3 Straßennetzwerk

Inhalt dieses Kapitels sind die Richtlinien, welche bei der Auslegung von Straßen in Deutschland eingehalten werden müssen, und welche Formate existieren, um sowohl Straßenverläufe als auch Straßenverzweigungen digital zu beschreiben.

2.3.1 Reales Straßennetzwerk

In Deutschland werden die Straßenverläufe in technischen Regelwerken festgelegt. Es werden dabei drei Regelwerke unterschieden:

- Richtlinien für die Anlage von Autobahnen (RAA) [65]
- Richtlinien für die Anlage von Landstraßen (RAL) [67]
- Richtlinien für die Anlage von Stadtstraßen (RASt) [14]

Tabelle 2.3: Straßenkategorien nach RIN und die Geltungsbereiche der jeweiligen Regelwerke [74]

Kategoriengruppe / Verbindungsfunktionsstufe		Autobahnen AS	Landstraßen LS	Hauptverkehrsstraßen VS	HS	ES
kontinental	O	AS O	■	-	-	-
großräumig	I	AS I	LS I	■	-	-
überregional	II	AS II	LS II	VS II	■	-
regional	III	-	LS III	VS III	HS III	■
nahräumig	IV	-	LS IV	-	HS IV	ES IV
kleinräumig	V	-	LS V¹	-	-	ES V

■ problematisch
-   nicht vorkommend oder nicht vertretbar

RAA
RAL
RASt

---

¹Planung gegebenenfalls in Anlehnung an die RAL.

In all diesen Regelwerken werden Standards festgelegt, die bei dem Entwurf der jeweiligen Straßenkategorie eingehalten werden (siehe Tabelle 2.3). Die Richtlinien enthalten Grundlagen für die Planung der entsprechenden Straßenkategorien. Jede Kategorie erhält hierzu bestimmte Gestaltungsmerkmale, die nochmals über Entwurfsklassen (EK) der Regelwerke Autobahn (EKA), Landstraße (EKL) bzw. Stadtstraßen (EKS) unterschieden werden. Die nachfolgenden Merkmale werden in den Regelwerken unterschieden.

Lageplan

Die Lage der Straße wird durch die Aneinanderreihung von Entwurfselementen (EW) definiert. Ein Entwurfselement wird hierbei über seine Länge L und seine Start- und Endkrümmung κ definiert. Dabei können die drei Typen Gerade, Kurve und Klothoide unterschieden werden (siehe 2.4).

Im Lageplan sind in Abhängigkeit der jeweiligen Entwurfsgeschwindigkeit v_e nach Gl. 2.15 bestimmte Minimalradien R_{min} gefordert.

$$R_{min}(v_e) = \frac{v_e^2}{127 \cdot g(f_{R,max} \cdot n_{FR} + q)} \qquad \text{Gl. 2.15}$$

Der Minimalradius R_{min} ist abhängig von dem maximalen radialen Kraftschlussbeiwert $f_{R,max}$, dessen Ausnutzungsgrad n_{FR} und der Querneigung q. Der Ausnutzungsgrad n_{FR} ist abhängig von der Straßenkategorie und der Querneigung q. Der maximale radiale Kraftschlussbeiwert $f_{R,max}$ wird mit 92,5 % von dem tangentialen Kraftschlussbeiwert $f_{T,max}$, welcher sich aus der Fahrbahngriffigkeit ergibt, angenommen [159].

Daneben existieren noch weitere Anforderungen wie die minimale und maximale Länge von Geraden, die Limitierung der Krümmungsänderung von Klothoiden, aber auch Anforderungen basierend auf den Abfolgen der unterschiedlichen Entwurfselemente.

Höhenplan

Auch bzgl. des Höhenplans existieren Anforderungen hinsichtlich einer maximalen Längsneigung s_H (Angabe in %) und der Gestaltung von Neigungsänderungen in Form von Kuppen oder Wannen. Zulässige Kuppen oder Wannen

Tabelle 2.4: Entwurfselemente im Lageplan

EW-Typ	Indizes	Krümmung
Gerade	G	$\kappa_S = \kappa_E = 0$
Kurve	Ku	$\kappa_S = \kappa_E \neq 0$
Klothoide	Kl	$\kappa_S \neq \kappa_E$

werden über die Angabe eines minimalen Halbkreisdurchmessers H_K bzw. H_W definiert, welcher sich als Scheitelkrümmungskreis einer quadratischen Parabel ergibt. Daneben wird auch eine minimale Tangentenlänge T_H vor und nach der Ausrundungsmitte gefordert. Daneben sollten sich Änderungspunkte der Krümmung sowohl im Höhen- als auch im Lageplan bevorzugt an gleichen Stellen befinden.

Querneigung

Die Richtlinien zur Ausgestaltung der Querneigung q sind zur Sicherstellung einer ausreichenden Entwässerung und im Falle von Kurven eines ausreichenden Kraftschluss zur Fahrbahn ausgearbeitet. Allgemein wird zwecks Entwässerung eine Minimalneigung von 2,5% gefordert und erlaubt in Kurvenbereichen je nach Straßenkategorie Werte von bis zu 7%. Die Querneigungsänderung erfolgt im Bereich der Klothoiden unter Einhaltung einer minimalen und maximalen Querneigungsänderung Δq über die Verwindungsstrecke L_q. Die Grenzwerte sind neben der Straßenkategorie abhängig von dem Abstand des Fahrbahnrands zur Drehachse a_q. Des Weiteren wird in Verbindung mit dem Höhenplan die maximal zulässige Schrägneigung p_{max} festgelegt.

Querschnitte

Für jede Straßenkategorie und Entwurfsklasse sind gewisse Regelquerschnitte definiert. Diese legen die Anzahl und Breite von Fahrspuren sowie deren Fahrbahnmarkierungen fest und werden bei einer möglichen Verwendung mehrerer Regelquerschnitte auf Basis des erwarteten Verkehrsaufkommens ausgewählt. Abweichungen vom Regelquerschnitt erfolgen im Bereich von

- Fahrbahnaufweitungen: Aufgrund einer Querschnittsänderung in Folge eines anderen Regelquerschnitts, Ein-/Ausfahrten oder Zusatzfahrstreifen werden die Fahrstreifen mittels einer S-Funktion verzogen. Die Änderung sollte im Bereich von Kurven am Kurveninnenrand und auf Geraden symmetrisch auf beiden Seiten innerhalb einer gewissen Länge L_Z erfolgen. Die Länge der Verziehung L_Z ist dabei abhängig von der Entwurfsklasse, der Größe der Fahrbahnaufweitung i_Z und ggf. der zulässigen Maximalgeschwindigkeit $v_{max-zul}$.

- Fahrbahnverbreiterungen: In engen Kurven kann eine Verbreiterung am Kurveninnenrand erfolgen. Begründet liegt dies im kleinerem Kurvenbogen der Hinterräder gegenüber den Vorderrädern bei der Durchfahrt von Kurven. Je nach Kategorie werden Kurven ab einem Radius R_{Ku} von 150 bis 200 m als eng interpretiert. Die Fahrbahnverbreitung i_s wird auf allen durchgehenden Fahrbahnen verteilt und erfolgt auf dem gesamtem Kreisbogen. Innerhalb der Klothoiden erfolgt ein linearer Aufbau der Verbreiterung und Einbehaltung bestimmter minimaler Verziehungslängen.

Daneben existieren noch weitere Merkmale wie die Sichtweiten, welche in den Regelwerken spezifiziert werden, sowie weitere Regelwerke und Richtlinien wie die Richtlinien für die Markierung von Straßen (RMS)[66], Richtlinien für die Ausstattung und den Betrieb von Straßentunneln (RABT)[64] oder Verkehrszeichenbrücken (VZB)[42], die die unterschiedlichsten Aspekte von der Straßengestaltung innerhalb von Tunneln, Brücken, Kreisverkehren bis hin zur Vorgabe der Konstruktion von Straßenobjekten wie Beschilderungen abdecken.

Die Grenzwerte der Merkmale der einzelnen Straßenkategorien sind im Anhang A1.1 dargestellt. Einige Sonderfälle der Richtlinien, wie z.B. die Zulassung von Krümmungssprüngen entlang des Streckenverlaufs in Folge von Flachbögen, werden in dieser Arbeit vernachlässigt.

2.3.2 Virtuelles Straßennetzwerk

Zur digitalen Beschreibung eines Straßennetzwerks existieren eine Vielzahl an Beschreibungsformaten. In den folgenden Unterkapiteln wird auf eine Auswahl

an Formaten eingegangen, die für die Verwendung im Umfeld der Fahrsimulation in Frage kommen.

OpenStreetMap

2004 wurde OpenStreetMap (OSM) von Steve Coast [39] vorgestellt. Die Straßendaten werden in geographischen Koordinaten (EPSG:4326 bzw. WGS 84)
und in einer XML-Datei abgespeichert. OSM besitzt dabei die folgende XML-
Elemente:

- Punkte (eng. Node, xml:*node*): Das Element *node* besitzt als Attribut eine
  eindeutige ID zwecks Referenzierung und die Angabe seiner geographischen
  Breite und Länge (eng. Latitude und Longitude). Weitere Eigenschaften
  können über die Hinzunahme von Attributen wie der Höhe mit dem Key
  "ele", Verkehrsschildern mit "traffic_lights" oder die Längsneigung mit "in-
  cline" deklariert werden.

- Wege (eng. Way, xml:*way*): Ein Weg entspricht einem Polygonzug. Dieser
  wird durch Referenzierung auf eine geordnete Menge von Punkten definiert.
  Über Attribute können den Wegen Eigenschaften zugeordnet werden wie
  über das Attribut mit dem Key "highway" die Straßenkategorie.

- Relationen (eng. Relation, xml:*relation*): Hier können Beziehungen zwischen Mitgliedern (Member, xml:*member*) in Form von Wegen oder Punkten
  definiert werden wie z.B. spezielle Verkehrsführungen. Die jeweilige Funktion der Relation wird über Attribute definiert wie das Key-Value-Paar *ty-
  pe=restriction* eine Beschränkung signalisiert und über ein weiteres Attribut
  mit dem Key "restriction" näher spezifiziert.

- Attribute (eng. Tag, xml:*tag*): Attribute bestehen aus einem Schlüssel (Key,
  xml:*k*) und einem dazugehörigen Wert (Value, xml:*v*).

Die online zugängliche Datenbank weist eine breite Abdeckung des weltweiten
Straßennetzwerks aufgrund der Sammlung der Daten von 10 Millionen Usern
(Stand Januar 2023) auf [87].

LaneLet2

Die 2014 erstmalig veröffentlichte Formatspezifikation LaneLet wurde im Rahmen einer Autonomfahrt auf der sogenannten Bertha-Benz-Route von Mannheim nach Pforzheim entwickelt [23]. Das Format nutzt OSM als Speicherformat und nutzt OSM Editor JOSM um Lanelets zu erstellen und zu bearbeiten. Zwecks besserer Darstellung der LaneLets kann JOSM mit einem eigenem Kartenstil, angepasst an die LaneLet Spezifikation, versehen werden. 2018 erfolgte das Update auf LaneLet2 [148]. Neue Komponenten wie eine Mittellinie für die LaneLets oder die Möglichkeit der Speicherung der Karte in einem eigenem binärem Format erweitern die neue Spezifikation.

Das Format basiert dabei auf sogenannten LaneLets. LaneLets werden geometrisch über einen linken und rechten Polygonzug begrenzt und stellen fahrbare Spursegmente dar. Durch die Rollenzuweisung Links und Rechts der Polygonzüge wird auch die Fahrtrichtung innerhalb des LaneLets vorgegeben. Die Lanelets können in einem oder mehreren LaneLets enden. Dadurch kann ein Straßennetzwerk bestehend aus Spuren, Strecken und Kreuzungen aufgebaut werden - die sogenannte LaneLet Map.

Ein LaneLet wird dabei als OSM Relation mit dem notwendigen Key-Value-Paar *type=lanelet* markiert. Auf die Polygonzüge, die als OSM Weg hinterlegt sind, wird über die Relationsmitglieder vom Typ "way" und der Rolle "left" bzw. "right" referenziert. Über weitere Mitglieder der Relation vom Typ "relation"und der Rolle "regulatory_element" können regulatorische Elemente wie Geschwindigkeitsbegrenzungen referenziert werden. Nachfolgende Lanelets müssen in ihren Polygonzügen die selben Startpunkte aufweisen in denen die Polygonzüge des vorhergehenden Lanelets enden. Das Gleiche gilt für benachbarte Lanelets, wobei sich hier die OSM Wege entsprechen müssen.

Die Nutzung von OSM und die damit verbundene Darstellung in Geo-Koordinaten macht eine Projektion auf kartesischen Koordinaten notwendig. Projektionsmethoden wie die Sphärische Mercator-Projektion oder die transversale Mercator-Projektion werden hierfür verwendet.

OpenDRIVE

OpenDRIVE wurde erstmals 2006 von der Daimler AG und der VIRES Simulationstechnologie GmbH veröffentlicht [49]. In den folgenden Jahren schlossen sich zahlreiche weitere Unternehmen der Initiative an und das Format wurde auf Basis der Anwenderanforderungen kontinuierlich weiterentwickelt. Partner sind OEMs, Zulieferer, Toolanbieter als auch Forschungsinstitute. 2018 wurde der Standard verwaltet von der VIRES Simulationstechnologie GmbH an die ASAM e.V. übergeben und liegt Stand heute in der Version 1.7 vor [10, 115]. Die nachfolgenden Erläuterungen als auch die innerhalb des Frameworks verwendeten Tools basieren auf der Version 1.6 [8].

Innerhalb des XML-basierten OpenDRIVE Formats werden einzelne Straßen über eine Referenzlinie in einem kartesischen Koordinatensystem definiert. Die Referenzlinie wird dabei einmal in der XY-Ebene durch eine Abfolge geometrischer Elemente wie Geraden, Klothoiden, Kreisbögen sowie kubischen Polynomen und zum anderen durch Angabe eines Höhen-/Neigungsprofils, bezogen auf die Referenzlinie, mittels kubischen Polynomen definiert. Fahrspuren werden anschließend relativ zu dieser Referenzlinie durch Angabe von Fahrspurbreiten definiert. Der Offset einer Fahrspur zur Referenzlinie ergibt sich aus der Summe der Fahrspurbreiten der dazwischenliegenden Fahrspuren, erkenntlich durch eine aufsteigende (rechte) bzw. abfallende (linke) ID der Fahrspuren. Straßenmarkierungen werden in den Fahrspuren für deren außenliegende Seite definiert. Weitere Elemente wie Verkehrsbeschilderungen, Ampelanlagen usw. werden über Streckenkoordinaten bzgl. der Referenzlinie platziert. Übergänge zwischen aufeinanderfolgenden Fahrspuren oder Straßen werden über die Angabe der entsprechenden vorhergehenden und nachfolgenden IDs signalisiert. Im Falle von Verzweigungen wird auf eine Kreuzung verwiesen, die alle möglichen Kreuzungspfade in Form von Straßen beinhaltet. Daneben weißt das Format noch zahlreiche weitere Beschreibungsmöglichkeiten auf wie z.b. die Definition des Höhenprofils einer Straße oder eines gesamten Kreuzungsbereichs durch die Referenzierung einer OpenCRG.

Neben der ASAM Spezifikation existiert eine modifizierte Variante unter dem Namen Apollo OpenDRIVE. Hauptunterschiede sind hier die Verwendung von Punktketten in geographischen Koordinaten zur Beschreibung des Streckenverlaufs und der Definition von Fahrspuren über Punktelinien anstelle der Verwendung von Spurbreiten. [6]

IPG Road5

Die seit 1999 von IPG bereitgestellte Fahrdynamiksimulation CarMaker beinhaltet das sogenannte Road5 Streckenformat. Die nachfolgenden Inhalte basieren auf der Version 11 [102]. Die Informationen werden textbasiert in der Syntax des IPG Infofile Formats abgelegt. Hier werden die Angaben in Strukturen gebündelt und können über entsprechende Schlüsselwörter angesprochen werden (z.B. *Junction.7.HMType = CRG*):

- Parameter *CGS*: Festlegung der Konvertierung von Geokoordinaten in das kartesische Koordinatensystem unter Angabe der Projektionsmethode (hier: FlatEarth, GaussKruger oder PROJ) und einer Referenzposition.

- Parameter *Link*: Strecken werden als sogenannte *Links* und durch die Angabe einer Referenzlinie und Zuteilung von Spursegmenten *LaneSection* definiert. Geraden, Kreissegmente, Klothoiden, Polygonzug oder OpenCRG Referenzlinien werden zur Erstellung von Referenzlinien verwendet. Das Höhenprofil wird durch Höhenpunkte entlang der Referenzlinie definiert, wobei das Profil über kubische Polynome dargestellt wird. Neben dem Höhenprofil wird auf gleiche Weise auch die Querneigung und -wölbung definiert. Spursegmente werden anhand der Streckenposition s auf der Referenzlinie platziert. Innerhalb des Segments können Spuren auf der linken und rechten Seite hinzugefügt werden. Für jede Spur wird eine Spurbreite sowie eine Funktion wie z.B. Fahrspur oder Gehweg hinterlegt. Objekte wie Verkehrsschilder, Ampelanlagen oder Hindernisse können über die Streckenkoordinaten s und t hinzugefügt werden.

- Parameter *Junction*: Der Parameter definiert die Verbindung von *Links* mit bis zu acht Kreuzungsarmen. Die Höhenangaben einer Kreuzung können entweder über eine platzierte OpenCRG oder mittels Angabe einer Längs- und Querneigung bzw. -wölbung relativ zu einem Referenzpunkt erfolgen. Über die Angabe von Referenzlinien *RL* mittels eines Start- und Endpunkts einschließlich der Anfangs- und Endorientierung werden die Kreuzungswege hinterlegt.

OpenCRG

OpenCRG wird zur Beschreibung von Straßenoberflächen, insbesondere der mikroskopischen Straßenhöhe, eingesetzt [9]. Die Straßendaten werden bezüglich eines regelmäßigen Rasters entlang einer Referenzlinie angegeben. Die Referenzlinie wird durch Angabe einer Startposition im kartesischem oder geographischen Koordinatensystem positioniert und über den Gierwinkelverlauf spezifiziert. Dabei werden sowohl die Straßendaten wie die Straßenhöhe als auch z.b. der Gierwinkelverlauf als Spalten im selbem Datenraster abgelegt. Zwecks Datenzuordnung wird in einem Header der Inhalt einer jeden Datenspalte angegeben. Daneben werden auch die Rasterabstände entlang der Referenzlinie sowie die Abstände der Datenreihen zueinander definiert. Neben dem Gierwinkelverlauf können auch Spalten zur Beschreibung einer zusätzlichen Längs- oder Querneigung hinzugefügt werden. Das Verhalten an den Rastergrenzen bzw. außerhalb des Rasterbereichs wird optional definiert.

2.4 Interprozesskommunikation

Aufgrund des Aufbaus eines Fahrsimulator Frameworks als verteiltes System, bedingt durch die Vielzahl unterschiedlicher erforderlicher Teilsimulationen, spielt deren Kommunikation, die sogenannte Interprozesskommunikation (IPC), eine entscheidende Rolle. Die IPC ermöglicht erst die Interaktionen der Simulationen. Neben den eingesetzten Verfahren sind außer dem Datenaustausch auch zeitliche Aspekte wie die Synchronisation des Prozesses entscheidend. In den nachfolgenden Unterkapiteln wird eine Auswahl von Methoden zur IPC vorgestellt. [19]

Je nach eingesetzter Methode ist eine Synchronisation der Zugriffe notwendig. Hierzu können Semaphoren, Signale oder Mutual Exclusion Objects (Mutex) verwendet werden. Eine Semaphore ist ein Zähler, dessen Zugriff als atomare Operation ausgeführt ist. Somit können beim gleichzeitigen Zugriff auf den Zählerwert der Semaphore keine Inkonsistenzen entstehen und über den Zählerwert können entsprechende Synchronisationen stattfinden. Mutex ist eine spezielle Form einer binären Semaphore. Größter Unterschied ist, dass der binäre Zählerwert, über den ein Bereich gesperrt ist, nur von dem Prozess entsperrt werden kann, welcher die Sperrung verursacht hat.

2.4.1 Shared Memory

Über einen gemeinsamen Speicher, Shared Memory (SHM), kann eine rechnerinterne Kommunikation erfolgen. Diese Lösung bietet gegenüber Pipes einen höheren Datendurchsatz unter Minimierung der Zugriffslatenzen. Hierzu können Speichersegmente mit festen Speichergrößen und definierten Zugriffsrechten angelegt werden. Zur Vermeidung von Dateninkonsistenzen bei gleichzeitigen Lese- und Schreibzugriffen muss der direkte Zugriff der Prozesse durch eigene Mechanismen wie Semaphoren oder Signale koordiniert werden. Die geteilten Speichersegmente sind eindeutig über eine ID ansprechbar.

2.4.2 Pipe

Auch über Kommunikationskanäle, sogenannte Pipes, wird eine rechner-interne Prozesskommunikation ermöglicht. Es werden hierbei zwei Arten von Pipes unterschieden: Unnamed und Named Pipes.

Unnamed Pipes erlauben die Kommunikation eng verwandter Prozesse (Prozesse unter dem gleichem Hauptprozess) über einen Speicherpuffer nach dem First In - First Out (FIFO)-Prinzip d.h. ist der Speicher voll, können neue Daten erst wieder nach einem erfolgten Datenabruf hinzugefügt werden. Die Kommunikation ist hierbei unidirektional. Folglich ist zur Realisierung einer bidirektionalen Kommunikation eine zweite Pipe notwendig. Daneben beschränkt das Betriebssystem den gleichzeitigen Zugriff auf einen Prozess. Named Pipes können hingegen für die Kommunikation aller rechnerinternen Prozesse verwenden werden, inklusive einer bidirektionalen Kommunikation. [19]

2.4.3 Sockets

Sockets ermöglichen die Kommunikation zwischen Rechnersystemen. Je nach eingesetztem Transportprotokoll werden verbindungslose und verbindungsorientierte Sockets unterschieden (siehe Abbildung 2.6). User Datagram Protocol (UDP) ist ein verbindungsloses und Transmission Control Protocol (TCP) ein verbindungsorientiertes Protokoll. Hauptunterschied ist die bei verbindungslosen Sockets nicht notwendige Verbindung beider Kommunikationspartner (Client-Server-Architektur), aber auch des dadurch nicht erkennbaren Zustands der Datenübermittlung. Verbindungsorientierte Sockets können hingegen eine korrekte Datenreihenfolge inklusive der Neuübertragung bei eventuellen Datenverlusten sicherstellen. Dies bedingt allerdings einen erhöhten Kommunikationsaufwand und eine erhöhte Datenmenge bzgl. der Kommunikationssteuerung. [19]

Wie aus der Darstellung des Referenzmodells für Netzwerkprotokolle (engl. Open Systems Interconnection, OSI-Modell) und das Modell des Verteidigungsministeriums (engl. Department of Defense, DoD-Modell) aus Abb. 2.6 ersichtlich, existieren basierend auf den Transportprotokollen eine Vielzahl an Anwenderprotokollen. Die in der Abb. 2.6 aufgeführten Protokolle werden in den jeweiligen Fachkapiteln erläutert. Neben den selbst-definierten Protokollen Framwork Control Protocol (FCP), vRoad und vCollision stammen die Protokolle Runtime Data Bus (RDB) und Simulation Control Protocol (SCP) aus der Simulationsumgebung VTD. Diese beinhalten zum einen Laufzeitdaten (RDB) und zum anderen Ereignisnachrichten (SCP). Open Sound Control (OSC) dient der Übertragung von Steuersignalen im Soundbereich (siehe Kapitel 4.2) und Advanced Drivers Assistant System Interface Specifications (ADASIS) ist ein standardisiertes Nachrichtenprotokoll zur Übermittlung elektronischer Horizontdaten (siehe Kapitel 4.2).

2.4.4 Reflective Memory

Die Reflective Memory Kommunikation stellt eine rechnerübergreifende Erweiterung der Shared Memory Kommunikation dar. Hierzu werden lokale Speichersegmente mittels eines Hochgeschwindigkeitsnetzwerks zwischen den

OSI-Modell	DoD-Modell	Protokolle	
Anwendung	Anwendung	FCP SCP	RDB ADASIS vRoad vCollision OSC
Darstellung			
Kommunikation			
Transport	Transport	TCP	UDP
Vermittlung	Vermittlung	IP	
Sicherung	Netzzugriff	IEEE 802.x	
Bitübertragung			

Abbildung 2.6: Das OSI- und TCP/IP-Referenzmodell

Rechnersystemen abgeglichen. Für die Realisierung eines solchen Netzwerks existieren zahlreiche Lösungen wie SCRAMNET+ [131], VMIC [2] oder das RMS der Firma Dolphin Interconnect Solutions [46]. Die Systeme unterscheiden sich in ihrer Topologie (Ring- und Sterntopologie), dem eingesetzten Übertragungsmediums/-standards, der Speichergröße und der resultierenden Übertragungslatenz. [13, 45] geben einen Überblick über die unterschiedliche Funktionsweise einiger Reflective Memory Lösungen. Innerhalb dieser Arbeit wird das System von Dolphine verwendet, welches eine Sterntopologie aufweist und den PCI Express Standard zur Kommunikation nutzt.

Gegenüber der Reflective Memory Lösung sind Remote Direct Memory Access (RDMA) Methoden abzugrenzen. Hier wird ein direkter Zugriff auf einen rechnerexternen Speicher ermöglicht. Die Kommunikation erfolgt über Netzwerkkarten, welche zur Realisierung möglichst geringer Latenzen Schichten des OSI-Modells, Vermittlungs- bis Darstellungsschicht, umgeht.

3 Der Fahrsimulator

Fahrsimulatoren sind DiL Simulatoren. Der DiL ist eine Sonderform der Human in the Loop (HitL) Simulation mit einem Menschen als Fahrer bzw. Fahrzeuginsassen, welcher in den geschlossenen Regelkreis eingebunden wird. In diesem Regelkreis interagiert der Fahrer über Pedalerie, Lenkrad und Bedienelemente mit dem Fahrzeug, basierend auf den stimulierten Reizen in Form von externen Eindrücken, wie die visuelle Umgebung, die Fahrzeugbewegung, aber auch fahrzeuginterne Einflüsse wie durch Mensch-Maschine-Schnittstellen (HMI). Am IFS können zwei Fahrsimulatoren genutzt werden: der Stuttgarter Fahrsimulator (FaSi) und der Mobile Fahrsimulator (MoFa). Bei dem Stuttgarter Fahrsimulator handelt es sich um einen dynamischen Fahrsimulator. Hier erfolgt neben der visuellen und auditiven Darstellung auch eine Darstellung der Fahrzeugbewegungskräfte durch die Nutzung eines Bewegungssystems. Dahingegen erfolgt am mobilen Fahrsimulator keine Darstellung von Bewegungskräften und somit handelt es sich hier um einen statischen Simulator mit einer integrierten Sitzkiste als Mockup statt eines Vollfahrzeugs wie beim Stuttgarter Fahrsimulator.

Abbildung 3.1: Der Stuttgarter Fahrsimulator

Springer Fachmedien Wiesbaden GmbH, ein Teil von Springer Nature 2024
M. Kehrer, *Driver-in-the-loop Framework zur optimierten Durchführung virtueller Testfahrten am Stuttgarter Fahrsimulator*, Wissenschaftliche Reihe Fahrzeugtechnik Universität Stuttgart,
https://doi.org/10.1007/978-3-658-43958-2_3

3.1 FaSi: Fahrsimulator Stuttgart

Der Stuttgarter Fahrsimulator wurde 2012 im Rahmen des vom Bundesministerium für Bildung und Forschung (BMBF) geförderten Projekts VALIDATE
von der Universität Stuttgart und dem Forschungsinstitut für Kraftfahrwesen
und Fahrzeugmotoren Stuttgart (FKFS) in Betrieb genommen. Daneben un-
terstützte das Landesministerium für Wirtschaft, Bildung und Kunst (MWK)
von Baden-Württemberg im Rahmen des Projekts ELEFANT die Erstellung
geeigneter Modelle von batterieelektrischen Fahrzeugen (BEV) zur Anwendung
am Fahrsimulator [16, 17].

Das Bewegungssystem des FaSi besteht aus einem XY-Schlittensystem und
Hexapod. Es ist auf die Fahrweise von Normalfahrern und dabei anfallenden
Längs- und Querbeschleunigungen ausgelegt [18].

Tabelle 3.1: Leistungsdaten des Bosch Rexroth 8-DOF Bewegungssystem
　　　　　　　am Stuttgarter Fahrsimulator (FaSi)

Nutzlast 2000 kg		Position	Geschwindigkeit	Beschleunigung
Schlitten	x_{Tab}	± 5 m	± 2 m/s	± 5 m/s^2
	y_{Tab}	$\pm 3,5$ m	± 3 m/s	± 5 m/s^2
Hexapod	x_{Hex}	$\pm 0,495$ m	$\pm 0,5$ m/s	± 5 m/s^2
	y_{Hex}	$\pm 0,445$ m	$\pm 0,5$ m/s	± 5 m/s^2
	z_{Hex}	$\pm 0,377$ m	$\pm 0,5$ m/s	± 6 m/s^2
	ψ_{Hex}	$\pm 21°$	$\pm 30°$/s	$\pm 120°$/s^2
	θ_{Hex}	$\pm 18°$	$\pm 30°$/s	$\pm 90°$/s^2
	ϕ_{Hex}	$\pm 18°$	$\pm 30°$/s	$\pm 90°$/s^2

Aufgrund der Größe des Bewegungsraumes wird ein mitbewegtes Visualisie-
rungssystem in Form einer Frontprojektion als Halbkugel (Dome) mitbewegt.
Die Visualisierung bestehend aus 9 Eyevis ESP-LWXT-1000 Projektoren erzeugt ein hFOV von 241° und ein vFOV von 48° auf der gekrümmten Innenflä-
che des Domes mit einem Durchmesser von ca. 5,5 m. Die drei Spiegelansichten
werden über 3 separate Projektoren realisiert, welche den hinteren Bereich des
Domes als Projektionsfläche nutzen. Für die Versorgung der insgesamt 12 Bild-

kanäle werden 6 Visualisierungsrechner mit jeweils einer Geforce GTX 1080 TI pro Bildkanal eingesetzt. Pro Bildkanal werden 1920x1200 Pixel in einer Frequenz von 60 Hz übermittelt. Aufgrund der Projektion auf gekrümmten Flächen und der Nutzung mehrerer Projektoren mit entsprechenden Überlappungsbereichen ihrer Visualisierung, kommt ein softwarebasiertes Warping und Edge Blending zum Einsatz.

Zur Darstellung von auditiven Inhalten wird ein mehrkanaliges Lautsprechersystem benutzt. Dieses setzt sich aus vier verteilten Lautsprechern innerhalb der Kuppel und den jeweiligen Lautsprechern des Mockups zusammen. In der Regel befinden sich im Mockup zwei zusätzlich angebrachte Lautsprecher. Das Intercom System ist ein eigenständiges System. Für die Erzeugung der auditiven Inhalte stehen zwei Rechnersysteme zur Verfügung, die es ermöglichen mittels zweier Multichannel Audio Digital Interface (MADI) Kanäle den Inhalt von bis zu 64 Audiokanälen à 96 kHz zur Kuppel zu übermitteln.

Als Mockups können Vollfahrzeuge mit einem Maximalgewicht von bis zu 2000 kg verwendet werden. Die hinsichtlich ihres Antriebsstrangs und Fahrwerks entkernten Fahrzeuge werden mechanisch mit der Kuppel verbunden, um die eingebrachten Bewegungen von bis zu 15 Hz im Fahrzeug direkt erleben zu können. Für die softwareseitige Darstellung der fehlenden Fahrzeugkomponenten und für die Einbindung in die Softwareumgebung des Simulators wird eine Restbussimulation im Fahrzeug eingesetzt. Für die Softwareumgebung existiert neben den bereits erwähnten Rechnersystemen für die Visualisierung und auditive Simulation ein Cluster an weiteren Rechnereinheiten. Diese sind zu großen Teilen Linux-basierte Systeme mit einem Xenomai Echtzeit-Kern, aber auch andere Plattformen wie das auf Microsoft Disk Operating System (MS-DOS) basierende Simulink Realtime Target oder das auf iHawk Echtzeitplattformen verwendete RedHawk Linux werden eingesetzt.

3.2 MoFa: Mobiler Fahrsimulator

Der Mobile Fahrsimulator dient als Entwicklungsplattform neuer Methoden, welche am Stuttgarter Fahrsimulator erprobt werden sollen. Es handelt sich um eine statische Sitzkiste ausgestattet mit einem Fahrersitz, einer Pedalerie, einem Lenksimulator, einem Kombiinstrument sowie einem Tablet zur Anzeige und Bedienung zusätzlicher Inhalte wie den Gangwählhebel, Fahrmodi oder die Steuerung und Anzeige von Fahrerassistenzsystemen.

Der visueller Eindruck wird mittels eines gekrümmten 49" Monitors (Samsung C49HG90) präsentiert, welcher in einem Abstand von 1,1 m zum Fahrerkopf angebracht ist. Ein Field of View (FOV) von 57°x17° wird hierdurch erzeugt. Das Bild setzt sich aus zwei Bildkanälen mit jeweils 1920x1080 Pixeln zusammen, welches ein Visualisierungsrechner über zwei Nvidia GeForce RTX 2080 generiert. Durch einen dritten Bildkanal können über das Car Imaging System der Firma Nickl Elektronik-Entwicklung GmbH visuelle Inhalte im Kombiinstrument eingebracht werden. Zur auditiven Stimulation dient eine frontal angebrachte zweikanalige Soundbar. Die Generierung des Soundsignals erfolgt auf dem Visualisierungsrechner. Neben diesem Rechner sind weitere Systeme zur Restbussimulation (Simulink Realtime Target), Fahrdynamiksimulation (xPack oder iHawk) und ein Laptop für die Fremdverkehrsimulation über SUMO und zur Simulationsbedienung eingebunden.

4 Stimulation der menschlichen Sinne am Fahrsimulator

4.1 Visuelle Stimulation

Die visuelle Stimulation ist unabdingbar in einer DiL Simulation. Zum einen werden hierüber laut Kapitel 2.1.1 die meisten Sinneseindrücke aufgenommen und verarbeitet und zum anderen ist es der einzige Reiz, der es dem Fahrer ermöglicht, auf weit entfernte visuell erkennbare Ereignisse zu reagieren. Auditive und vestibuläre Eindrücke lassen den Fahrer nur die aktuelle Situation erfassen, wohingegen die visuelle Erscheinung eines vorausliegenden Straßenabschnitts prädiktive Reaktionen triggert.

Das System zur visuellen Stimulation besteht aus einem bilderzeugenden System und einer Renderingsoftware, welche die visuellen Inhalte auf Basis einer virtuellen Welt berechnet. Als bilderzeugendes System werden am IFS eine Frontprojektion (siehe Kapitel 3.1) und ein Displaysystem (siehe Kapitel 3.2) eingesetzt. Beide Systeme können nur zu Teilen den Anforderungen des menschlichen Auges genügen (siehe Tabelle 2.1). Aus Tabelle 4.1 ist ersichtlich, dass am FaSi Abstriche bzgl. des zeitlichen und räumlichen Auflösungsvermögens gemacht werden müssen, wohingegen das Displaysystem am MoFa mit 1,03′ und einer Frequenz von 120 Hz diese im Mittel erfüllt. Allerdings liegt dessen FOV deutlich unter dem Sichtfeld des menschlichen Auges und der Abdeckung des gesamten Akkommodationsbereichs von bis zu 5 m.

Es ist erkennbar, dass jedes System seine Stärken und Schwächen hat und dies in der Szenariogestaltung, falls hier keine expliziten Anforderungen gestellt sind, berücksichtigt werden sollte. Im Fall des FaSi kann z.B. die Abweichung des Auflösungsvermögens durch eine präferierte Durchführung der Szenarien bei Helligkeit verkleinert werden. Andere Aspekte wie die Güte der Einschätzung von Distanzen stellen einen Kompromiss zwischen präsentierten Reizen der Tiefenwahrnehmung über den optischen Fluss (Vektion) und der Vermeidung

Springer Fachmedien Wiesbaden GmbH, ein Teil von Springer Nature 2024
M. Kehrer, *Driver-in-the-loop Framework zur optimierten Durchführung virtueller Testfahrten am Stuttgarter Fahrsimulator*, Wissenschaftliche Reihe Fahrzeugtechnik Universität Stuttgart,
https://doi.org/10.1007/978-3-658-43958-3_4

dessen aufgrund der sogenannten Motion Sickness dar [62, 94]. Mit Motion
Sickness wird die Simulatorkrankheit, welche Übelkeitsgefühle beim Menschen auslöst, bezeichnet. Nach der Sensorkonflikt-Theorie [156] handelt sich
hierbei um eine Übelkeit, welche sich aus der Wahrnehmung widersprüchlicher
Reize ergibt. Aufgrund der Empfindung einer Bewegung basierend auf der
Vektion, welche unter Umständen nicht in gleichen Maßen über das vestibuläre
System wahrgenommen wird, sollte diese minimiert werden. Hier kann insbesondere der translatorisch optische Fluss durch Reduktion der Objektanzahl
und durch eine möglichst entfernte Platzierung der Objekte minimiert werden.
Daneben kann der optische Fluss durch Reduktion des FOV verringert werden, was nach [113] auch keinen negativen Einfluss auf die Distanzschätzung
hat, was allerdings das Sichtfeld des Fahrers z.B. zur Erfassung komplexer
Verkehrssituationen einschränkt. Andere Parameter wie die Qualität der Com-
putergrafik haben ebenfalls keine nennenswerten Auswirkungen auf die Güte
der Distanzabschätzung [175]. Schlussendlich zeigt dies, dass immer ein Kompromiss zwischen der Systemperformance, dessen Setup und eines möglichen
Szenariodesigns gefunden werden muss.

Daneben muss der visuell dargestellte Inhalt, insbesondere die Straße, mit
dem digitalen OpenDRIVE Streckenmodell übereinstimmen. Hierzu muss eine
entsprechende virtuelle Welt generiert werden, welche die Renderingsoftware
verarbeiten kann. Dazu wird im Folgenden eine Methode vorgestellt, welche
die OpenDRIVE Streckenbeschreibung in ein 3D Objekt konvertiert.

Bei der Konvertierung muss neben der Überführung einer kontinuierlichen
Streckenbeschreibung in eine diskrete Darstellung über Polygone auch eine
Verarbeitung über die Renderingsoftware innerhalb einer gewissen Framerate
sichergestellt werden. Ansonsten erfolgt die Simulation in einer detailreichen
Darstellung, allerdings führt eine niedrige Framerate zu einer ruckhaften Darstellung, was zu einer Abnahme der Immersion führt. Um eine hohe Performanz
und somit Framerate zu erzielen, existieren Techniken, welche bei der Konstruktion der 3D Objekte berücksichtigt werden können, um die Belastung zu
minimieren. Am Ende erzielt die Konvertierung einen Kompromiss zwischen
einer möglichst detaillierten Darstellung und der resultierenden Performanz auf
den Rechnersystemen.

Einer der entscheidendsten Punkte ist die Wahl der Diskretisierung, also das Maß der Abweichung von der kontinuierlichen Beschreibung. Ausgangspunkt für die Wahl eines Grenzwerts ist das räumliche Auflösungsvermögen des Menschen (siehe Tabelle 2.1) bzw. das maximal möglich darstellbare Auflösungsvermögen der Anlage (siehe Tabelle 4.1). Unter Annahme eines Visus V kann die kleinstmöglich erkennbare Abweichung e in Abhängigkeit von der Distanz d wie folgt berechnet werden:

$$e = \tan(V) \cdot d \qquad \text{Gl. 4.1}$$

Darauf basierend könnten die Abweichungen bzgl. einer konstanten Fahrerposition dynamisch realisiert werden. Allerdings würde dies zu erkennbaren Fehlern führen je weiter sich der Fahrer von dieser Position entfernt. Der Zusammenhang kann allerdings bei der Gestaltung von verschiedenen sogenannten Levels of Details (LODs) des Objekts verwendet werden. LODs erlauben die Zuordnung mehrerer Modelle zu einem Objekt, welche in Abhängigkeit der Distanz oder Objektgröße ausgewählt werden. Dadurch können Modelle mit hoher Detailgenauigkeit im Nahbereich und niedriger Detailgenauigkeit im Fernbereich eingesetzt werden. Neben der Erkennung von Abweichungen haben bestimmte Distanzen des vorausliegenden Streckenabschnitts einen unterschiedlich starken Einfluss auf die Fahrzeugführung. [120] zeigt, dass der Bereich 1 Sekunde voraus entscheidend für das Lenkverhalten ist, wobei für die Spurposition an sich der größte Teil der Information aus dem Nahbereich bei 0,53 Sekunden kommt. Die Konvertierungsmethode erstellt hierzu 3 Detailstufen:

- **LOD 0:** Ab einer Distanz von 500 m ergeben sich für die niedrigste Detailstufe eine Abweichung $e = 0{,}27$ m ($V = 1{,}83'$). Dadurch kann auf eine Darstellung von Straßenmarkierungen mit einer maximalen Breite von 0,3 m laut [66] verzichtet werden.

- **LOD 1:** Die nächste Detailstufe deckt den Bereich bis zur 1-Sekunden-Marke ab. Im Fall der Autobahnkategorie EKA 1 ergeben sich Distanzen von 35 m, was in einer erkennbaren Abweichung $e = 0{,}02$ m ($V = 1{,}83'$) resultiert.

- **LOD 2:** Die höchste Detailstufe deckt den Bereich unter der 1-Sekunden-Marke ab. Natürlich ergeben sich hier sehr geringe erkennbare Abweichungen

$e = 0,5$ mm ($V = 1,83'$, Kopfhöhe von 1,1 m). Die Auswahl der Schrittweite der Diskretisierung $d_{\text{ink},s}$ erfolgt daher auf Basis des erwähnten Nahbereichs bei 0,53 Sekunden. Hier ergibt sich eine Abweichung $e = 0,01$ m für z.b. die Entwurfsklasse EKA 1.

Die letztendlich dargestellte Abweichung e und somit Schrittweite $d_{\text{ink},s}$ (siehe Gleichung Gl. 4.2) werden in Abhängigkeit der eingesetzten Hardware in Form von CPU und GPU, aber auch des abzudeckenden FOV, gewählt. Hierzu wird die erstellte Strecke entlang ihrer Fahrspuren abgefahren inklusive einer wahrscheinlich auftretenden Grundlast in Form von Fremdverkehr. Kommt es zu Einbrüchen der Framerate, werden die Diskretisierungsgrenzen e entsprechend angehoben.

$$d_{\text{ink},s} = \frac{2}{\kappa} \cdot \sin\left(\arccos\left(1 - e \cdot \kappa\right)\right) \qquad \text{Gl. 4.2}$$

Daneben entscheidet die Performanz auch über Art der Darstellung der mikroskopischen Straßenoberfläche über Polygone oder reine Texturen. Straßenmarkierungen werden nicht wie im Falle anderer Konverter (z.b. MathWorks RoadRunner) als separate Meshobjekte erzeugt, sondern werden in das Mesh der Fahrspur integriert. Bereiche der Fahrspur und Markierungen werden durch Verwendung unterschiedlicher Vertex-Farben markiert. Über angepasste UV-Koordinaten kann das Material der Straßenmarkierung auf diese Bereiche gemappt werden. Hierdurch können verschiedenste texturelle Übergänge zwischen Fahrspur und Markierung generiert werden und eine fehlerfreie Abbildung der mikroskopischen Straßenoberfläche sowohl auf der Fahrspur als auch auf den Markierungen ist sichergestellt. Zwei weitere UV-Koordinatenmatrizen ermöglichen die Texturierung sowohl relativ zur Fahrspur (z.B. für Fahrspurrillen) als auch im globalen Kontext (z.B. für die Darstellung von Sperrflächenmarkierungen). Weitere Erläuterungen oder visuelle Darstellungen können [107] entnommen werden.

Neben der Erstellung der Straßengeometrie erstellt der Konverter auch Verkehrsschilder basierend auf [33], kontinuierliche Straßenobjekte wie Schutzplanken, aber auch Einzelobjekte. Die Objekte werden entweder durch Platzierung referenzierter 3D Objekte repräsentiert oder wie im Falle von Schutzplanken auf Basis eines Querschnitts (Schutzplanken vom Typ A und B) erstellt. Somit

Tabelle 4.1: Abschätzung der visuellen Auflösung der Projektionsanlage im FaSi auf einer Höhe von 1,25 m über Kuppelboden und des Displaysystems im MoFa

	FaSi		MoFa
	Vorne	Seite	Vorne
Abstand	2,82 m	2,36 m	1,1 m
Bildkanal Höhe	3,2 m		0,34 m
Bildkanal Breite	2,1 m		1,12 m
Bildkanal Pixel (HxB)	1920x1200		1920x1080
Bildkanal Frequenz	60		120
Pixelabstand x	~ 1,5 mm	~ 1,5 mm	0,331 mm
Pixelabstand y	~ 1,5 mm	~ 1,5 mm	0,331 mm
Auflösung x	1,83′	2,19′	1,03′
Auflösung y	1,83′	2,19′	1,03′

werden alle Inhalte der Streckenbeschreibung OpenDRIVE berücksichtigt und visuell präsentiert.

4.2 Auditive Stimulation

Für die Darstellung einer auditiven Umgebung besteht die Simulation aus einer Sammlung von einzelnen Softwarekomponenten. Diese dienen dazu einen möglichst realitätsnahen Eindruck zu erzeugen und den Anforderungen des menschlichen Gehörs, wie des räumlichen Hören, zu genügen. Hierzu werden zunächst die Geräuschquellen untersucht, welche beim Fahren auftreten, um in den anschließenden Kapiteln die entsprechenden Methoden vorzustellen um diese nachzubilden.

Die Abbildung 4.1 gibt einen Überblick über die realisierte Audio-Software, welche auf dem Betriebssystem Linux und ohne das TireSound Modul (TSM)

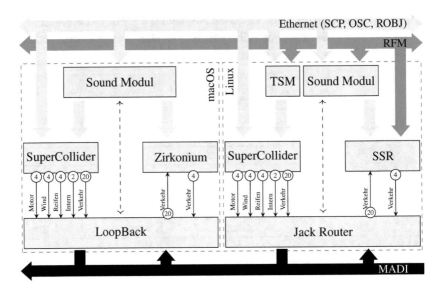

Abbildung 4.1: Struktur der Audio-Software

auf macOS lauffähig ist. Hierbei kommen die folgenden einzelnen Software-komponenten zum Einsatz:

- **Sound Modul:** Das Sound Modul stellt das Hauptprogramm der Audio-Software dar. Es übernimmt dabei Aufgaben wie die Initialisierung der weiteren Softwarekomponenten, die Parametrierung dieser oder die Umsetzung der Information von Reflective Memory (RFM) oder SCP nach OSC.

- **Jack Router (LoopBack):** Jack Router erlaubt das Routing von Audio-signalen sowohl zwischen einzelnen Anwendungen als auch zu den Ein-/Ausgängen der Soundkarten. Das Programm zeichnet sich durch sehr niedrige Latenzzeiten aus (150-200 μs laut [122]) und erlaubt die Erstellung von virtuellen Audiokanälen über eine API. Seit macOS Catalina (Version 10.15) werden keine 32-Bit-Anwendungen und somit die hier nur als 32 bit Version verfügbare Jack Router Software nicht mehr unterstützt. Als Alternative wird die kommerzielle Software LoopBack von Rogue Amoeba eingesetzt.

- **SuperCollider (SC):** SC besteht aus einem Audioserver scsynth und einem Client sclang. Die Kommunikation zwischen dem Client oder einer externen Anwendung mit dem scsynth Server erfolgt über OSC. Der Client sclang beinhaltet eine Entwicklungsumgebung und eine eigene Programmiersprache, die es erlaubt, durch Nutzung einer umfangreichen Funktionsbibliothek eigene Sounds zu programmieren [130].

- **Zirkonium:** Die auf macOS lauffähige Software Zirkonium ermöglicht die Erstellung räumlicher Geräuschkulissen unter Verwendung eines Lautsprechersystems [154].

- **SoundScape Renderer (SSR):** Neben Zirkonium erlaubt die Software SSR durch Nutzung unterschiedlicher Methoden die Erzeugung eines räumlichen Soundeindrucks [70, 71].

- **TSM:** TSM erzeugt Soundinhalte basierend auf den Anregungen der Eigenmodi eines Körpers wie z.b. der Reifen oder Scheibenbremsen [109].

Für die Kommunikation zwischen den einzelnen Komponenten wird vor allem das Netzwerkprotokoll OSC eingesetzt. Ein OSC Nachrichtenpaket besteht aus einem Address Pattern String, einem Typ Tag String und den Argumenten. Der Address Pattern String ist ein String, welcher mit einem "/" beginnt und mit mindestens einem Null Charakter terminiert wird, so dass die String Länge ein Vielfaches von 4 Bytes beträgt. Im anschließenden Typ Tag String wird über einen String, welcher mit einem "," startet, die Anzahl und Datentypen der folgenden Argumenten codiert. Auch hier ist für die Stringlänge nur ein Vielfaches von 4 Bytes erlaubt mit mindestens einem Nullcharakter am Ende. Die Datentypencodierung umfasst z.B. ein "i" für einen 32 bit Integer-Wert oder ein "f" für ein 32 bit Floating-Wert. Zuletzt folgt die im Typ Tag String definierte Sequenz von Argumenten, den eigentlichen Daten. Neben den OSC Nachrichtenpaketen existieren noch sogenannte OSC Bundle Pakete, welche eine Sammlung von weiteren Bundles oder Nachrichten darstellen. Bundles starten dabei mit dem String "#Bundle", einer 8 Byte langen Zeitangabe und anschließend einer Sequenz aus Einzelpaketen, jeweils bestehend aus einer Längenangabe des Pakets und den Paketdaten.

4.2.1 Geräuschkulisse Autofahrt

Schall wird in Form von Luftschall vor allem als Hörschall wahrgenommen (sieh Kapitel 2.1.2). Infraschall kann vom Menschen fast nicht akustisch wahrgenommen werden. Allerdings kann der Schall gefühlt bzw. bei langer Belastung und hohen Lautstärken physisch wahrgenommen werden. Möglich machen dies laut [155] Nichtlinearitäten im Mittel- und Innenohr, welche harmonische Verzerrungen im höheren hörbaren Frequenzbereich verursachen. Der Schall kann dabei Resonanzen im menschlichen Körper erzeugen und dadurch stärkere physiologische Reaktionen hervorrufen als ein anderer Frequenzbereich [27, 121]. Laut [95] hat der Frequenzbereich 0-20 Hz einen großen Einfluss auf das Komfortgefühl der Insassen. Schallquelle für die Entstehung von Infraschall im Fahrzeug sind Vibrationen im Antriebsstrang, Reifenvibrationen oder aerodynamische Phänomene bei der Fahrzeugbewegung [31].

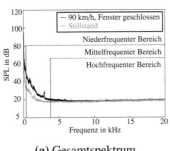
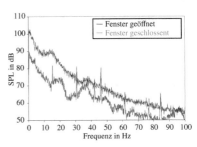

(a) Gesamtspektrum   (b) Niederfrequenter Bereich

Abbildung 4.2: Innengeräuschspektrum bei 0 und 90 km/h mit bzw. ohne geöffnetem Fahrerfenster [95]

Die Abbildung 4.2 zeigt das typische Spektrum des Innengeräuschs [95]. Im Hochfrequenzbereich ist ein geringer Anteil im Bereich 2–4 kHz enthalten. Der größte Anteil besteht im mittleren Frequenzbereich von 250–2000 Hz. Auch im niederfrequenten Bereich sind höhere Lautstärkepegel zu beobachten. Insgesamt lässt sich die Geräuschkulisse in vier Geräuschgruppen bzgl. ihres Ursprungs unterteilen: Antriebsstrang, Reifen-Fahrbahn, Wind und Umgebungsgeräusche wie zum Beispiel vorbeifahrende Fahrzeuge. Jede dieser Geräuschquellen wird bei verschiedenen Fahrzeuggeschwindigkeiten als dominierendes Geräusch wahrgenommen [32]. Während z.B. der Antriebsstrang im Geschwindigkeitsbereich unter 50 km/h dominiert, überwiegen die Reifen-Fahrbahn- und Windgeräusche bei höheren Geschwindigkeiten.

4.2.2 Eigengeräusche Fahrzeug

Zur Erzeugung der zuvor erwähnten Geräuschgruppen kann die Wavetable-Synthese [91] oder ein Ansatz basierend auf einer Sequenz von Filtern angewandt auf weißes Rauschen [29] eingesetzt werden. Der Filteransatz findet insbesondere Anwendung, wenn keine Audiodateien mit konstanten Parametern vorliegen. Für die Darstellung des Antriebsstrangs wird eine Wavetabelle verwendet. Diese wird auf akustischen Aufnahmen bei verschiedenen Drehzahlen und Drehmomenten aufgebaut. SC wird für das Mixing zwischen den Aufnahmen basierend auf der momentanen Drehzahl und Drehmoment eingesetzt. Es können bis zu vier Motorgeräusche und ein Auspuffgeräusch erzeugt werden. Hiermit können alle Antriebskonfigurationen wie Vorderradantrieb (engl. Front-Wheel Drive, FWD), Hinterradantrieb (engl. Rear-Wheel Drive, HWD), Allradantrieb (engl. Four-Wheel Drive, 4WD) dargestellt werden, realisiert durch eine konfigurierbare Soundausgabe über die Mockup Lautsprecher (FWD und HWD) oder die Kuppellautsprecher (4WD). Auch für die Wind- und Reifen-Fahrbahn-Geräusche kann die Wavetable-Synthese eingesetzt werden. Im Fall der Reifen-Fahrbahn-Geräusche wird die Wavetabelle bzgl. der Größen Reifendrehzahl und -schlupf aufgebaut und die Windgeräusche auf Basis der Fahrzeuggeschwindigkeit. Durch Nutzung von Audioaufnahmen aus dem Aeroakustik-Fahrzeugwindkanal kann die Windgeräuschkulisse durch explizite Darstellung von Seitenwind mit den Parametern Fahrzeuggeschwindigkeit und Angriffswinkel erweitert werden. Aus Tabelle 4.2 ist ersichtlich, dass neben Fahrzeuggrößen auch einzelne Events getriggert werden können. Events sind hierbei z.B. Überfahrten von lockeren Schachtdeckeln oder Fahrbahnmarkierungen. Parameter wie die Abspielgeschwindigkeiten, Lautstärke oder die Wiedergabelänge können zur Laufzeit eingestellt bzw. mit der Fahrzeuggeschwindigkeit verknüpft werden.

Für die Soundausgabe werden hauptsächlich Genelec 8130 APM und Genelec 8330 APM mit einem Übertragungsbereich von 58 Hz–20 kHz (±2,0 dB, 5,5 kg) eingesetzt. Diese decken einen Großteil des darzustellenden Frequenzbereichs

ab und sind ein Kompromiss aus Leistung und Gewicht. Der nicht abgedeckte
Frequenzbereich kann zum Teil über die Integration des Subwoofers Genelec
7350A mit einem Frequenzbereich von 25–150 Hz (±3,0 dB, 20 kg) kompensiert werden. Die Erzeugung von Luftschall im Infraschallbereich erfolgt über
die Einbringung von Körperschall durch das Bewegungssystem oder zusätzlich
integrierte Shakersysteme [96].

Tabelle 4.2: Fahrzeugeigengeräusch: Übersicht OSC Nachrichten

OSC	SCP	Parameter	Funktion
\engine\[1..4],ff	✓	Drehzahl, Drehmoment	Motorgeräusch 1-4
\vehicle,ff	✓	Geschwindigkeit, Windrichtung	Wind-/ Seitenwindgeräusch
\tire\[1..4],ff	✓	Drehzahl, Schlupf	Reifengeräusch 1-4
\event,iifff	✓	Event, Lautsprecher, Lautstärke, Geschwindigkeit, Dauer	Akustische Ereignisse

4.2.3 Erweiterung: TireSound Modul

Die in SuperCollider enthaltene Methode zur Reifengeräuschsimulation basierend auf akustischen Vermessungen mit verschiedenen Reifendrehzahlen,
berücksichtigt nicht das überfahrene Straßenmaterial oder dessen Oberflächenstruktur. Über weitere Messungen und Erweiterungen der Wavetable um den
Parameter Straßenmaterial könnte diese Größe zwar ergänzt werden, allerdings
ist dies mit hohem Aufwand verbunden und die Oberflächenstruktur findet weiterhin keine Beachtung. Daher wird mit dem TireSound Modul eine Methode
vorgestellt, um ein Reifengeräusch erweitert um das Fahrbahnmaterial und deren
Oberfläche zu erzeugen. Dadurch wird zum einen eine visuell-akustische und
zum anderen eine vestibulär-akustische Kopplung erzielt. Somit wird sowohl
das visuelle Erscheinungsbild der Straße (Asphalt, Kopfsteinpflaster, Straßen-
schäden etc.) als auch die dargestellte Bewegung akustisch erlebbar. Die gezeigt
Methode zielt dabei nicht auf eine möglichst hoch-präzisen Darstellung des
Geräusch ab, sondern auf eine mit der Straßenoberfläche verknüpfte Darstellung
mit der Reproduktion in Echtzeit.

Die Geräuschentwicklung eines abrollenden Reifens auf einer Fahrbahnoberfläche kann dabei in die folgenden Komponenten unterteilt werden: Schallanregung, Schallabstrahlung und Schallausbreitung [20]. Bei der Schallanregung entsteht das Geräusch zum einen durch die Anregung mechanischer Schwingungen des Reifens und zum anderen aufgrund aerodynamischer Effekte in der Reifenkontaktfläche. Durch die mechanische Anregung der Laufflächen und Reifenprofile wird Luftschall in einem Frequenzbereich zwischen 150–1000 Hz erzeugt. Für den Frequenzbereich über 1 kHz sind aerodynamische Effekte, das sogenannte Air Pumping, verantwortlich. Durch das Ein- und Auslassen von Luft in Hohlräume werden die höherfrequenten Schallanteile abgestrahlt [117]. Die Schallabstrahlung/-ausbreitung ist abhängig von den räumlichen Gegebenheiten. Aufgrund der geometrischen Anordnung der Reifenlauffläche zur Fahrbahnoberfläche kommt es zu einer erheblichen Verstärkung von 7–20 dB im Frequenzbereich von 1–3 kHz. Dies wird als Horneffekt bezeichnet, wobei die Verstärkung abhängig ist von Frequenz, Abstrahlwinkel und den schallreflektierenden/-absorbierenden Eigenschaften der Fahrbahnoberfläche. Die letztendliche Schallausbreitung ist abhängig von allen angrenzenden Flächen inklusive dem Straßenmaterial. Zum Beispiel führt offenporiger Asphalt (OPA) zu einer Dämpfung von bis zu 10 dB im Frequenzbereich von 1 kHz.

Tabelle 4.3: TireSound Modul: OSC Nachrichten

OSC	SCP	Parameter	Funktion
\ATire\[1|2|3|4],ii[f...]	✗	Gesamtanzahl Amplituden, Offset Amp.-Zuordnung, Einzelamplituden	Amplituden Eigenmodi Reifen 1..4
\FTire\[1|2|3|4],ii[f...]	✗	Gesamtanzahl Frequenzen, Offset Freq.-Zuordnung, Einzelfrequenzen	Frequenzen Eigenmodi Reifen 1..4
\Abrk\[1|2|3|4],ii[f...]	✗	Gesamtanzahl Amplituden, Offset Amp.-Zuordnung, Einzelamplituden	Amplituden Eigenmodi Bremse 1..4
\Fbrk\[1|2|3|4],ii[f...]	✗	Gesamtanzahl Frequenzen, Offset Freq.-Zuordnung, Einzelfrequenzen	Amplituden Eigenmodi Bremse 1..4

Für die Erzeugung des Reifengeräuschs unter Einbeziehung der Erkenntnisse der Entstehung wird ein Verfahren genutzt, welches schon im Gebiet der Computeranimation angewendet wird. Hier werden Geräusche basierend auf den Anregungen der Eigenfrequenzmodi eines Objekts berechnet. Diese Methode findet sowohl Einsatz bei einfachen Objekten [43] als auch bei Objekten mit komplexen Oberflächen [141, 153]. Hierzu wird ein Reifenmodell als Masse-Feder-Dämpfungs-System modelliert und über ein Kontaktmodell mit den eingebrachten Reifenkräften der Fahrdynamik werden die resultierenden Anregungen der Eigenmodi berechnet. Über entsprechende OSC Nachrichten (siehe Tabelle 4.3) werden die Schwingungen über SC wiedergegeben. Die Darstellung der aerodynamischen Effekte erfolgt aufgrund der Komplexität über einen filterbasierten Ansatz. Weitere Erläuterungen können [109] entnommen werden.

4.2.4 Umgebungsgeräusche

Für die Erzeugung der Umgebungsgeräusche insbesondere deren räumliche Verortung werden die beiden Anwendungen Zirkonium oder SSR verwendet. Hier wird das sogenannte Vector Base Amplitude Panning (VBAP) [152] verwendet, um Soundquellen im Raum positionieren zu können. Hierzu wird durch gezielte Aufsplittung des Soundsignals auf ein im Raum verteiltes Lautsprechersystem eine entsprechende Phantomquelle erzeugt. Im Stuttgarter Fahrsimulator besteht das System aus den vier am Kuppelrand verteilten Lautsprechern. Auf eine Integration weiterer Lautsprecher, auch auf anderen Ebenen, wurden zugunsten des Gewichts, der schwierigen Befestigung und der deutlich schlechteren Wahrnehmung (siehe Kapitel 2.1.2) verzichtet. Der Output der Soundquellen wie das Fahrzeuggeräusch von Fremdverkehrsfahrzeugen wird mittels SC berechnet. Zeitliche Einflüsse wie der Doppler-Effekt, welcher auf der zeitlichen Veränderung des Abstands zur Soundquelle beruht, werden bei der Generierung berücksichtigt.

4.3 Vestibuläre Stimulation

Dynamische Fahrsimulatoren wie der in Kapitel 3.1 vorgestellte Fahrsimulator erlauben eine Darstellung von Fahrzeugbewegungen. Da hierfür im Vergleich zu einer Realfahrt nur ein begrenzter Bewegungsraum zur Verfügung steht, muss die Fahrzeugbewegung über einen sogenannten Motion-Cueing-Algorithmus (MCA) abgebildet werden. Inhalt dieses Kapitels werden nicht die diversen Regelstrategien für die Umsetzung eines MCA sein, sondern wie die System-grenzen eines Simulators und die der vestibulären menschlichen Wahrnehmung in die Ausgestaltung einer virtuellen Testfahrt einfließen können. Eine Auswahl von MCAs, welche am Stuttgarter Fahrsimulator verwendet werden, sind in [134, 147] zu finden. Der Einsatz einer vestibuläre Stimulation in einer DiL Simulation hat mehrere Gründe:

- Die visuelle Stimulation erzeugt ein Bewegungsgefühl (Vektion). Dies kann zu Motion Sickness führen, da die bewegte Wahrnehmung nicht auf den anderen Sinneswegen, wie der vestibuläre Wahrnehmung, bestätigt wird.

- Zur Bewertung des Fahrverhaltens ist eine Darstellung der Bewegung not-wendig. [68, 144] zeigen, dass sich z.B. die Spurhaltung durch Stimulation der Bewegung deutlich verbessert. Daneben kann auch ein größerer Fre-quenzbereich der resultierenden Fahrzeugbewegung aufgrund des über den visuellen Eindruck nur niederfrequenten Wahrnehmungsbereich dargestellt werden [128, 176, 191]

4.3.1 Bewertung Wahrnehmungsschwellen

Das Kapitel 2.1.3 listet eine Vielzahl unterschiedlicher Studien hinsichtlich der Detektion der Wahrnehmungsgrenzen in verschiedenen Bewegungsrichtungen. Diese sind dabei sowohl als Beschleunigungs- als auch Geschwindigkeitsgren-zen definiert. Um die Menge an Ergebnissen interpretieren zu können, sind in den Abbildungen 4.3 und 4.4 die Grenzwerte sowohl im Geschwindigkeits- als auch Beschleunigungsbereich gegenübergestellt. Darauf basierend wurden frequenzabhängige Ausgleichsfunktionen gebildet. Sowohl bei den translatori-

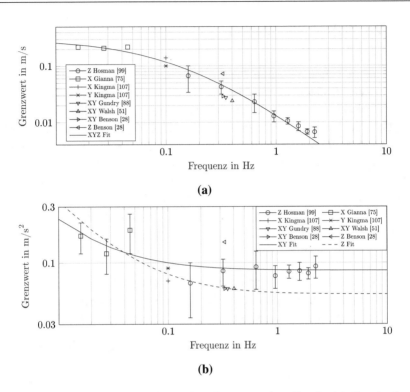

Abbildung 4.3: Translatorische Wahrnehmungsschwellen in (a) Geschwindigkeit und (b) Beschleunigung in Abhängigkeit der Anregungsfrequenz in Dunkelheit

schen als auch rotatorischen Grenzwertkurven ist ein deutlicher Knick bei ca.
0,1 Hz zu finden, was mit den Beobachtungen von [24, 61] übereinstimmt.

Im Fall der translatorischen Bewegungen in X- und Y-Richtung ergibt sich unterhalb von 0,1 Hz ein konstanter Geschwindigkeitsgrenzwert von 0,2 m/s und
oberhalb reagiert das vestibuläre System sensitiv auf Beschleunigungen ab 0,08
m/s^2. Für die rotatorischen Bewegungen Roll und Tilt verhält sich das Ganze
genau umgekehrt. Es ergibt sich ein konstanter Beschleunigungsgrenzwert von
0,4°/s^2 unterhalb von 0,1 Hz und oberhalb ergibt sich ein Grenzwert von 0,3°/s
bzgl. der Geschwindigkeit. Somit können für die niederfrequente Rückposi-
tionierung des Bewegungssystems translatorische Geschwindigkeiten von bis

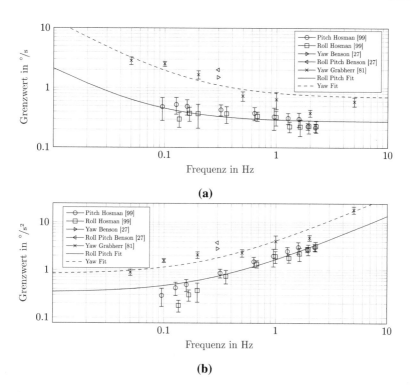

Abbildung 4.4: Rotatorische Wahrnehmungsschwellen in (a) Geschwindigkeit und (b) Beschleunigung in Abhängigkeit der Anregungsfrequenz in Dunkelheit

zu 0,2 m/s und rotatorische Beschleunigungen von bis zu 0,4°/s² eingesetzt
werden. Aufgrund der Durchführung von Untersuchungen einschließlich einer
visuellen Darstellung der Bewegung wird auf Basis des Vergleichs zu [36] ein
Grenzwert von 15°/s² angenommen. Auch die translatorische Geschwindig-
keitsgrenze wird auf Basis der erkennbaren Erhöhungen der Beschleunigungs-
grenzen [36, 157] auf 0,5 m/s angehoben. Für die Drehrate wird ein möglicher
Grenzbereich zwischen 3–6°/s angesetzt.

Für Methoden wie die Tilt Coordination [136, 158] zur Erzeugung statischer
Quer- bzw. Längsbeschleunigungen durch Kippen ist die Grenze bis zur Er-

kennung einer Körperneigung von großer Bedeutung. Nach [30, 173] ist der Mensch in der Lage seine Körperneigung ab 6° wahrzunehmen. Unter Einbeziehung einer visuellen Darstellung konnte [26] zeigen, dass eine Überschreitung der Wahrnehmungsschwellen für Pitch auf bis zu 15° keine Neigungsgefühle auslöst. Auch [61, 133] bestätigen eine Anwendung der Tilt Coordination noch für Winkel bis zu 20–30°. Bei Winkeln > 30° kommt es zum sogenannten Aubert-Effekt (Aubert'sches Phänomen) und die Abweichung zur Schwerkraft wird zunehmend wahrgenommen. Mit einem Winkel von $\alpha_{Tilt} = 20°$ sind somit nach Gleichung Gl. 4.3 mittels der Schwerkraft g konstante Beschleunigungen von 3,5 m/s^2 darstellbar.

$$a = \sin(\alpha_{Tilt}) \cdot g \qquad\qquad \text{Gl. 4.3}$$

4.3.2 Wirkungskette

Die in Kapitel 2.1.3 aufgeführten Studien untersuchten die Grenzen der Wahrnehmungsschwellen unter Ausblendung aller weiterer Eindrücke oder in Kombination mit einer visuellen Darstellung. Untersuchungen, die die Bewegungen auch visuell präsentierten, konnten durchweg höhere Wahrnehmungsgrenzen detektieren. Das lässt darauf schließen, dass sich die Wahrnehmungsgrenzen durch zusätzliche Belastung des menschlichen Sinnessystems erhöhen.

[140] zeigt, dass sich die Sensitivität bei einer kombinierten Bewegungsanregung verringert. Dies zeigt sich in der Studie von [140] mit einer zu detektierenden Drehbewegung um die Gierachse innerhalb einer Kurvenfahrt. Dieser Effekt konnte auch in anderen Studien bestätigt werden wie [149] bzgl. der Sensitivität der Rollbewegung bei überlagerter Querbeschleunigung (um einen Faktor bis zu 6), [126] mit Längsbeschleunigung kombiniert mit einer Gier-Bewegung bzw. der Nickgeschwindigkeit oder [186] bei Drehbewegungen kombiniert mit einer höheren Anregung in Z-Richtung. Auch die mentale Belastung hat einen Einfluss auf die Wahrnehmungsgrenzen. Bereits [157] zeigte, dass Ablenkungen wie geistige Aufgaben die Schwellenwerte um das Dreifache anheben können. Auch [97] bestätigt die Anhebung der Wahrnehmungsschwellen sowohl bei kombinierter Bewegung in XY-Richtung und einer Anregung in z-Richtung

mit einer Frequenz von 0,3 Hz als auch durch mentale Beschäftigungen der Probanden. Hierdurch konnten die Schwellenwerte in X-Richtung um 25%, in Y-Richtung um 50% und in Z-Richtung sogar um 100% angehoben werden. Das Gleiche wurde für die Bewegung in Roll- und Pitch-Richtung untersucht mit Steigerungen zwischen 40 und 80%.

4.3.3 Einflussfaktor: Straßenlayout

Für die Erstellung des Straßenverlaufs können die Wahrnehmungsschwellen aus Kapitel 4.3.1 sowie die Grenzen des jeweiligen Bewegungssystems berücksichtigt werden. Erfordert das jeweilig darzustellende Szenario keine expliziten Krümmungsverläufe, kann die Krümmungsänderung als auch die maximale Krümmung κ in Bezug auf die Fahrzeuggeschwindigkeit v_{Fzg} beschränkt werden (siehe Gleichung Gl. 4.4).

$$a_y = v_{Fzg}^2 \cdot \kappa \qquad \text{Gl. 4.4}$$

Eine Beschränkung der Querbeschleunigungsverläufe a_y auf die Wahrnehmungsgrenzen der Drehbeschleunigung und eine Limitierung der maximal möglichen Darstellung über Tilt Coordination gewährleistet eine immersive Darstellung. Auch für die Wechsel von Geschwindigkeiten kann durch eine ausreichende Länge der Beschleunigungsstrecke bzw. des Bremswegs eine immersive Darstellung über Tilt Coordination erfolgen.

4.3.4 Einflussfaktor: Straßenoberfläche

Basierend auf Kapitel 4.3.2 können die Wahrnehmungsschwellen durch kombinierte Bewegungen angehoben werden. Somit lassen sich die Wahrnehmungsschwellen durch Darstellung der Straßenoberflächen mittels entsprechender Anregung in Z-Richtung erhöhen. Daneben erfordern Komfortuntersuchungen ein breites Frequenzenspektrum von bis zu 50 Hz, weshalb auf eine Simulation von Straßenanregungen nicht verzichtet werden kann. Aufgrund der meist fehlenden Beschreibung der mikroskopischen Straßenoberfläche in rein virtuell

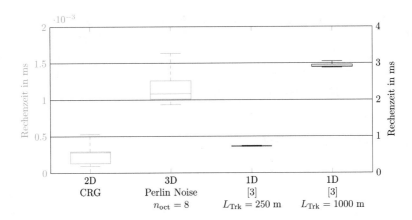

Abbildung 4.5: Performanz der Methoden zur Berechnung der Straßenprofil-
höhen z

erstellten Straßennetzwerken wird eine Methode vorgestellt, welche diese zur
Laufzeit deterministisch berechnet. Einen Ansatz zur synthetischen Erzeugung
von Straßenprofilen in den Oberflächengüten A–H nach ISO 8608 [101] zeigt
[3]. Die Straßenprofilhöhe wird über einer Summe von Sinusschwingungen,
deren Anzahl abhängig von der Streckenlänge L_{Trk} ist, berechnet. Die in [3]
gezeigten Parametersätze sind bzgl. der K-Werte um den Wert 1 zu gering[1].
Der Ansatz hat dabei allerdings die folgenden Einschränkungen:

- Eindimensional
- Rechenzeit: Zwar kann die Performance durch Verwendung einer Sinus-
  Approximation (70% Rechenzeit) oder den Einsatz des Streaming SIMD
  Extensions (SSE) Befehlsatzes (45% Rechenzeit) gesteigert werden, aller-
  dings skaliert die Rechenzeit weiterhin mit der Streckenlänge L_{Trk}. Eine
  Verkürzung würde zu kurzen Perioden und somit ständigen Wiederholungen
  des Straßenprofils führen.
- Wiederholungen: Durch Festlegung der Streckenlängen L_{Trk} und somit der
  Anzahl an genutzten Sinusschwingungen wiederholen sich die Straßenprofile
  für Längen größer als L_{Trk}.

---

[1]Laut einer Diskussion auf https://stackoverflow.com/questions/22468291/
generation-of-random-vibration-from-power-spectral-density.

```
1  Function PerlinNoise(x, y, Frequenz, Oktaven, Persistenz, Lacunarity):
       Input  : Koordinaten x und y
       Output : Höhe z
2      x ← x * Frequenz
3      y ← y * Frequenz
4      cPersistenz ← 1
5      z ← 0
6      for o ← 1 to Oktaven do
7          z ← z + GradientCoherentNoise2D(x, y) * cPersistenz
8          x ← x + Lacunarity
9          y ← y + Lacunarity
10         cPersistenz ← cPersistenz * Persistenz
11     end
12  return z
```

Abbildung 4.6: Pseudocode: Perlin Noise Algorithmus

Daher wurde eine Methode entwickelt, welche eine zweidimensionale Straßenoberfläche effizient berechnet (siehe Algorithmus 4.6). Die Methode verwendet hierzu Perlin Noise [146]. Im Vergleich zu der Methode von [3] können zweidimensionale Straßenoberflächen in deutlich schnelleren Rechenzeiten generiert werden (siehe Abbildung 4.5). Für die Berechnung eines Punktes liegt der Median bei $1{,}1\ \mu s$ (Worst Case bei $1{,}7\ \mu s$). Im Vergleich erfolgt die Auswertung eines OpenCRG Datenpunkts im Median mit $0{,}28\ \mu s$ (Worst Case bei $0{,}5\ \mu s$). Die Performancemessung erfolgte auf einem Intel® Xeon® Prozessor E5472 (Grundtaktfrequenz 3 GHz).

Tabelle 4.4: Perlin Noise Parametersätze zur Generierung der Oberflächengüten A–H nach ISO 8608

	Einheit	A	B	C	D	E	F	G	H
Amplitude	m	0,010	0,018	0,03	0,05	0,09	0,14	0,25	0,7
Frequenz	Hz	0,007	0,011	0,015	0,025	0,035	0,05	0,06	0,07
Persistenz	-	0,7							
Anzahl Oktaven	-	8							
Lacunarity-Wert	-	2							

Über die Parametersätze aus Tabelle 4.4 können Straßenprofile der Güte A–
H der ISO 8608 reproduziert werden (siehe Abbildung C1.1). Die Verläufe
unterscheiden sich zum einen in ihrer Frequenzdarstellung als auch in ihren
absoluten Amplituden (siehe Abbildung 4.7).

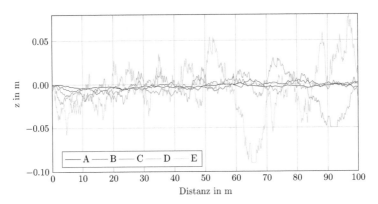

Abbildung 4.7: Generierte Straßenprofile in den Güten A-E

Neben der Abbildung von Straßengüten können über definierte Filter Bereiche
der Straße bzgl. ihres Profils weiter adaptiert werden. Dabei können sowohl
absolute als auch zur Perlin Noise Höhe relative Strukturen vorgegeben werden
(siehe Abbildung 4.8). Somit können Brückendehnungsfugen, Fahrspurrillen,
Kopfsteinpflaster usw. im Profil dargestellt werden. Die in Abb. 4.8 gezeigte
Überlagerung einer Brückendehungsfuge kombiniert mit den Einschnitten der
Fahrspurrillen liegt im Grenzbereich der nach [54] zugelassenen Höhendiffe-
renz.

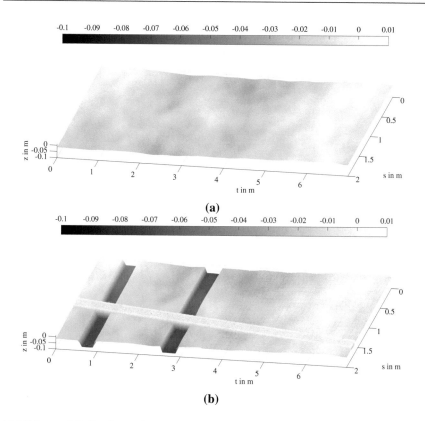

Abbildung 4.8: Perlin Noise Oberfläche: (a) Güte D und (b) mit zusätzlichen überlagerten Strukturen

5 Einbindung von Fahrdynamik und Fahrerassistenzsystemen

Eine DiL Simulation benötigt eine Fahrdynamiksimulation zur Darstellung des Fahrzeugverhaltens. Wie in Kapitel 3 erläutert, muss eine Einbindung verschiedenster Fahrdynamiksimulationen und damit ggf. verbundenen Echtzeitplattformen möglich sein. Um Abhängigkeiten zu Beschreibungsformen der in Fahrdynamiksimulation meist integrierten Umgebungsmodelle zu vermeiden, werden Fahrzeugschnittstellen wie die Reifenkontaktmodelle separiert. Dazu wird im Kapitel 5.1 ein Verfahren vorgestellt, welches eine effiziente Berechnung von Reifenkontaktinformationen ermöglicht und den Anforderungen unterschiedlicher Kontaktmodelle genügt. Um neben der Simulation der Fahrdynamik auch eine möglichst einfache Erstellung, Integration und Darstellung von Fahrerassistenzsystemen (FAS) zu erlauben, geben die Kapitel 5.2 und 5.3 einen Überblick über die dafür realisierten Datenschnittstellen.

5.1 Reifenkontakt und Spurposition

Inhalt dieses Kapitels ist die Beschreibung einer performanten Methode zur Berechnung der Reifenkontaktpunkte und der Detektion der Fahrzeuglage innerhalb des Fahrbahnprofils. Da echtzeitfähige Fahrdynamiksimulationen in der Regel Taktraten von 1 kHz aufweisen, muss die Berechnung aller notwendigen Kontaktpunkte innerhalb einer Millisekunde erfolgen.

5.1.1 Basismethode

Aufgabe der Methode ist die Überführung einer Sequenz von kartesischen Koordinaten in ihre entsprechenden Streckenkoordinaten, inklusive der Streckenhöhe auf Basis der hinterlegten Streckenbeschreibung im OpenDRIVE

Format. Hierzu muss in einem ersten Schritt die grobe Position innerhalb des Straßennetzwerks ermittelt werden. Es soll das Geometrieelement einer Strecke sowie die zugehörige Spurdefinition gefunden werden, welche die kartesische Koordinate abdeckt. Hierzu wird für jedes Geometrieelement G_i der Strecke Trk eine Bounding Box berechnet. Um eine bessere Übereinstimmung zwischen Streckenfläche und Bounding Box zu erreichen, werden Kurven und Klothoiden mit einer Änderung von $\Delta\psi > 90°$ unterteilt in Abschnitte mit $\Delta\psi \leq 90°$. Zur Bestimmung der Bounding Box wird das Geometrieelement entlang der Streckenkoordinaten s kombiniert mit den maximalen Streckenbreiten, sowohl links $t_{l,max}$ als auch rechts $t_{r,max}$ mit einer Distanz von $\Delta s = 1$ m durchlaufen und die resultierenden Maxima und Minima der kartesischen Koordinaten für die Definition der Bounding Box B verwendet (siehe Algorithmus B1.1).

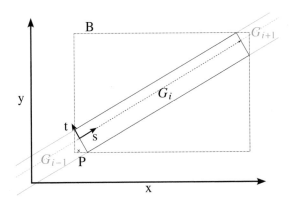

Abbildung 5.1: Bounding Box B eines Geometrieelements G_i

Wie aus Abbildung 5.1 ersichtlich kommt es zu Überlappungen der Bounding Box mit den vorherigen und nachfolgenden Geometrieelementen. Daher erfolgt in einem nächsten Schritt die weitere Überprüfung der Zugehörigkeit einer kartesischen Koordinate zu dem jeweiligem Geometrieelement. Hierzu wird der Winkel zwischen der Koordinate P und dem Anfangs- (P_S) bzw. dem Endpunkt (P_E) relativ zu ihrer Orientierung überprüft. Liegt der Winkel α_S oder α_E außerhalb von $\pm 90°$, befindet sich der Punkt in einem angrenzendem Geometrieelement.

```
 1  Function getLanePosBySecantAlg(x_P, y_P, δe_max, c_max):
        Input  : Kartesische Koordinaten x_P und y_P, die minimale Fehlertoleranz δe_max und die
                 maximalen Iterationsschritte c_max
        Output : Spurposition pos_L
 2      i ← 0
 3      s_{i-1} ← 0
 4      s_i ← s_max
 5      y_{i-1} ← cos(ψ(s_{i-1})) * (x(s_{i-1}) − x_P) + sin(ψ(s_{i-1})) * (y(s_{i-1}) − y_P)
 6      y_i ← cos(ψ(s_i)) * (x(s_i) − x_P) + sin(ψ(s_i)) * (y(s_i) − y_P)
 7      repeat
 8          if y_i = y_{i-1} then
 9              |    s_{i+1} ← s_i − (s_i − s_{i-1})/(y_i − 2y_{i-1}) y_i
10          else
11              |    s_{i+1} ← s_i − (s_i − s_{i-1})/(y_i − y_{i-1}) y_i
12          end
13          y_{i+1} ← cos(ψ(s_{i+1})) * (x(s_{i+1}) − x_P) + sin(ψ(s_{i+1})) * (y(s_{i+1}) − y_P)
14          i ← i + 1
15      until |y_i| > Δe_max and s_{i-1}! = s_i and i < c_max
16  return s_i
```

Abbildung 5.2: Pseudocode: Sekantenverfahren

$$
\cos(\alpha_s) = \frac{\vec{P}_s \cdot \begin{pmatrix} cos(\psi_s) \\ sin(\psi_s) \end{pmatrix}}{\left| \vec{P}_s \right| \left| \begin{pmatrix} cos(\psi_s) \\ sin(\psi_s) \end{pmatrix} \right|}
\qquad \text{Gl. 5.1}
$$

Nachdem das Geometrieelement ermittelt wurde, werden abhängig von der Art des Geometrieelements in Form einer Geraden, Kurve, Klothoiden oder eines Polynoms die kartesischen Koordinaten eines Punktes P in der Funktion *getLanePos* in Streckenkoordinaten konvertiert. Die Funktion nutzt im Falle einer Geraden das Lotfußpunktverfahren. Das Verfahren basiert auf dem Zusammenhang, dass ein orthogonaler Vektor zwischen dem Punkt P und dem am nächsten liegenden Punkt F auf der Geraden $\vec{f_G}(s_G)$, beschrieben über einen Richtungsvektor $\vec{m}$ und Stützvektor $\vec{c}$, liegen muss.

$$\vec{FP} \cdot \vec{m} = 0$$

$$(f_G(s_G) - \vec{P}) \cdot \begin{pmatrix} cos(\psi) \\ sin(\psi) \end{pmatrix} = 0 \qquad \text{Gl. 5.2}$$

$$s_G = \frac{cos(\psi)(P_x - c_x) + sin(\psi)(P_y - c_y)}{cos(\psi)^2 + sin(\psi)^2}$$

$$t_G = \left| \vec{PF} \right| \qquad \text{Gl. 5.3}$$

Im Fall einer Kurve wird die Streckenkoordinate s_{Ku} auf Basis der Winkeldifferenz zwischen den Vektoren, beginnend im Kreismittelpunkt M_{Ku} und endend im Kreisstartpunkts S_{Ku} bzw. im Punkt P, bestimmt. Eine Multiplikation mit dem Kreisradius R_{Ku} ergibt die Streckenkoordinate s_{Ku}. Der Spuroffset t_{Ku} entspricht der Differenz der Vektorlängen zwischen M_{Ku} und R_{Ku}.

$$s_{Ku} = \Delta\alpha_M R_{Ku}$$

$$= \arccos \left(\frac{\vec{M_{Ku}S_{Ku}} \cdot \vec{M_{Ku}P}}{|\vec{M_{Ku}S_{Ku}}||\vec{M_{Ku}P}|} \right) R_{Ku} \qquad \text{Gl. 5.4}$$

$$t_{Ku} = |\vec{M_{Ku}P}| - R_{Ku} \qquad \text{Gl. 5.5}$$

Für die verbleibenden Geometrieelemente wird das Sekantenverfahren eingesetzt [53]. Die Gleichung Gl. 5.6 soll näherungsweise gelöst werden. Hierzu wird die Iteration mit dem Anfangs- und Endpunkt des Geometrieelements als Startpunkte $s_{i=-1}$ und $s_{i=0}$ initialisiert. Der Algorithmus 5.2 beschreibt das iterative Vorgehen. Dabei ist das Abbruchkriterium auf Basis einer hinreichenden Näherung durch eine vorgegebene Fehlertoleranz Δe_{max}, eines nicht weiter veränderten Iterationswerts s_i oder einer maximalen Iterationsanzahl c_{max} festgelegt. Die Iterationsanzahl c_{max} dient der Vermeidung von endlosen Iterationen bei einer unzureichenden Konvergenz. Eine Fehlertoleranz Δe_{max} von 10^{-4} stellt auf Basis der Kleinwinkelnäherung $cos(x) \approx x$ eine Abweichung im Zehntel-Millimeter-Bereich sicher.

$$\vec{FP} \cdot \vec{m}(s) = 0$$

$$\begin{pmatrix} F_x(s) - P_x \\ F_y(s) - P_y \end{pmatrix} \cdot \begin{pmatrix} \cos(\psi(s)) \\ \sin(\psi(s)) \end{pmatrix} = 0 \qquad \text{Gl. 5.6}$$

$$\cos(\psi(s))(F_x(s) - P_x) + \sin(\psi(s))(F_y(s) - P_y) = 0$$

Wie aus Abbildung 5.4 ersichtlich, skaliert die gezeigte Methode mit $O(n)$. Dadurch kann bis zu einer Anzahl von $2 \cdot 10^4$ Geometrieelementen eine Laufzeit unter 1 ms erreicht und somit eine Taktfrequenz von 1 kHz ermöglicht werden. Mehrere Punkte können in unterschiedlichen Threads berechnet werden. Der größte Zeitfaktor der langen Laufzeit liegt in der Verortung des Geometrieelements auf Basis der Bounding Box Überprüfungen.

5.1.2 Verwendung von R-Bäumen

Um die Methode bzgl. der Suche nach den entsprechenden Geometrieelementen zu optimieren, wird ein R-Baum, konkret ein R*-Baum, verwendet. Der R-Baum ist, wie es der Name schon andeutet, eine Speicherstruktur in Form eines Baumes. Im Unterschied zu B-Bäumen enthalten nur die Blätter die eigentlichen Daten wie hier die Bounding Boxen der Geometrieelemente. In den Baum-Zwischenknoten sind Bounding Boxen enthalten, welche die Bounding-Boxen

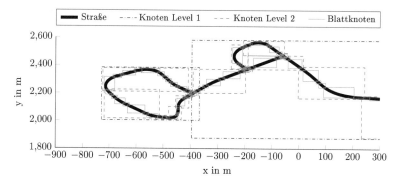

Abbildung 5.3: Ausschnitt der OpenDRIVE town des VTD Frameworks mit den Bounding Boxen der Knoten des R-Baums

darunter liegender Blätter umschließt (Abbildung 5.3 zeigt die Bounding Boxen der verschiedenen Knotenlevel). Der R*-Baum erreicht durch eine modifizierte Variante des Einfügens und Splittens neuer Regionen gegenüber dem R-Baum eine Minimierung der Überlappungen und somit der Flächen der Datenregionen. In Folge dessen wird eine kompaktere Form des Baums erreicht, wodurch Suchaufgaben aufgrund der Durchsuchungen weniger Teilbäume performanter sind. [22]

Für den R*-Baum wird die Implementierung innerhalb der Boost C++-Bibliothek verwendet. Der Baum mit maximal 16 Elementen in den Blätterknoten wird über die Geometrieelemente sämtlicher Strecken aufgebaut. Als Suchmethode für die Geometrieelemente wird ein k-nächste-Nachbarn-Algorithmus (engl. K-Nearest-Neighbor-Algorithmus) (KNN) verwendet. Konkret reicht die Suche nach zwei nächsten Nachbarn (siehe Algorithmus B1.2) unter der Voraussetzung, dass die Startposition des Reifenkontakts und somit des Fahrzeugs nicht innerhalb eines Kreuzungsbereichs liegt und für die fortlaufende Berechnung das im nachfolgenden Kapitel 5.1.3 vorgestellte Verfahren genutzt wird.

5.1.3 Dynamische Programmierung

Durch die Verwendung des in Kapitel 5.2 vorgestellten spurbasierten Logik-netzes kann die Berechnung durch Einbeziehung des zeitlichen Verlaufs der Reifenkontaktposition deutlich beschleunigt werden. Dadurch dass ein Fahr-zeug z.b. bei einer Geschwindigkeit von 250 km/h und einer Abtastfrequenz von 1 kHz pro Zeitschritt nur eine Distanz von ca. 7 cm zurücklegt, kann die vorherige Position als Ausgangspunkt für die Suche nach dem Geometrieele-ment verwendet werden. Innerhalb einer Strecke oder bei einfachen Übergängen zwischen zwei Strecken ist der Verlauf durch die Sequenz an Geometrieele-menten festgelegt. In Kreuzungsbereichen wird das spurbasierte Logiknetz verwendet, um die nächstfolgende Strecke auf Basis der Spurverzweigung kom-biniert mit der Fahrzeugbeleuchtung *lightMask*, konkret der Blinkerstellung, zu ermitteln. Durch dieses Vorgehen wird eine zeitliche Komplexität von $O(1)$ für die Geometrieelementsuche erreicht. Im Grunde muss nur die aktuelle und die logisch folgende Bounding Box geprüft werden. Selbst im Worst-Case-Szenario in Form einer Umkehr der Laufrichtung der Kontaktposition erhöht sich die

Anzahl an zu überprüfenden Bounding Boxen auf 3, denn zusätzlich muss das vorhergehende Segment berücksichtigt werden.

Neben der Bestimmung des relevanten Geometrieelements kann auch die Kalkulation der Streckenkoordinaten unter Anwendung des Sekantenverfahrens optimiert werden. Zum einen kann eine bessere Konvergenz sichergestellt und zum anderen ein Erreichen der Fehlertoleranz Δe_{max} mit wenigeren Iterationsschritten erzielt werden. Hierzu wird das bisherige Startintervall bestehend aus dem gesamten Geometrieelement $[0, s_{\max}]$ auf einen Bereich um die vorherig gefundene Nullstelle konzentriert. Dieser Bereich entspricht einer maximal möglichen Verschiebung von $\Delta s_{\Delta t,\max} = v_{Fzg} \cdot \Delta t$. Um einen möglichen Wechsel der Bewegungsrichtung zu berücksichtigen wird der Bereich auf $[s_{t-1} - \Delta s_{\Delta t,\max}, s_{t-1} + \Delta s_{\Delta t,\max}]$ erweitert.

5.1.4 Kommunikation und Softwarearchitektur

Für die Kommunikation zwischen Fahrzeugdynamiksimulation und Reifenkontaktberechnung können in Abhängigkeit der Echtzeitplattform unterschiedliche Kommunikationsarten verwendet werden. Die Reifenkontaktsimulation ist aufgrund von Abhängigkeiten durch verwendete Softwarebibliotheken nur unter Linux lauffähig und eine Interaktion über Shared Memory ist somit nur auf Linux-basierten Echtzeitplattformen wie z.B. Xenomai oder RedHawk Linux möglich. Allgemein ist eine Kommunikation über das Reflective-Memory Netzwerk (siehe Kapitel 2.4.4) nur mit zuvor genannten Systemen möglich aufgrund der fehlenden Typen von Einsteckkarten und Treibern für andere Betriebssysteme. Den Ethernet-basierten Datenaustausch erlauben alle eingesetzten Echtzeitplattformen (siehe Kapitel 3).

Die Softwarearchitektur der Reifenkontaktsimulation setzt sich aus mehreren Threads zusammen. Die Basis bilden ein I/O-Thread und ein User-Thread. Der User-Thread dient der Eingabe und Einstellung von Parametern wie z.B. der Anpassung der Fehlertoleranz Δe_{max} und ist als Nicht-Echtzeittask realisiert. Der I/O-Tread ist ein Echtzeittask, die für das Einlesen der Reifenkontaktposition und für das Ausgeben der Reifenkontaktinformationen zuständig ist. Die Task läuft dabei entweder periodisch in ihrem eigenem Takt oder synchron zur Fahrdynamiksimulation. Der synchrone Betriebsmodus ist nur im Falle der

Kommunikation über Shared Memory oder Reflective-Memory möglich. Daneben kann bei einem Ethernet-basierten Datenaustausch auch ein Event-basierter Ablauf mit den eingehenden Nachrichten als Trigger genutzt werden.

Unabhängig von der Kommunikationsform sind die eingehenden Reifenkontaktpositionen über einen Datenheader und eine Folge an Nutzdaten kodiert. Der Datenheader beinhaltet die Simulationszeit, einen Framecounter, eine Versionsangabe, die Fahrzeuggeschwindigkeit in x- und y-Richtung sowie die Datenlänge der angehängten Nutzdaten in Bytes. Über den Framecounter und die Simulationszeit lässt sich die Taktfrequenz, der Zustand der Fahrdynamiksimulation und im Falle einer Memory-basierten Kommunikation der Zeitpunkt des Datenupdates erkennen. Der Fahrzeuggeschwindigkeitsvektor kann zur Kompensation von Latenzen oder im Falle einer höheren Taktung der Ausgabe gegenüber der Eingabe zur Extrapolation der Reifenkontaktpositionen verwendet werden. Abbruchkriterium für die Extrapolation ist das Ausbleiben eines Dateneingangs innerhalb der erkannten Taktfrequenz. Die Versionsangabe gibt Aufschluss über die Kodierung der Nutzdaten und der einzelnen Kontaktpunkte. In der Regel werden die Reifenpositionen als kartesische Koordinaten x, y und z übermittelt. Eine zeitabhängige symmetrische Sigmoidal Membership Funktion [143] wird zur Anpassung der ausgehenden z-Koordinaten z_{out} innerhalb des Zeitbereichs t_{fade} auf die berechneten Höhenwerte z_{calc} ab Simulationsstart der Fahrdynamiksimulation $t_{sim} = 0$ verwendet (siehe Gleichung Gl. 5.7). Dies dient der Vermeidung von unnatürlichen Fahrzeugsprüngen durch Berücksichtigung der Zustände wie die Reifenhöhe z_{in} der Reifenmodelle.

$$z_{out} = z_{in} + (z_{calc} - z_{in}) \begin{cases} 0 & t_{sim} \leq 0 \\ 2\left(\frac{t_{sim}}{t_{fade}}\right)^2 & 0 \leq t_{sim} \leq \frac{t_{fade}}{2} \\ 1 - 2\left(\frac{t_{sim}-t_{fade}}{t_{fade}}\right)^2 & \frac{t_{fade}}{2} \leq t_{sim} \leq t_{fade} \\ 1 & sonst \end{cases} \qquad \text{Gl. 5.7}$$

Neben den I/O- und User-Threads existiert eine konfigurierbare Anzahl von Operation-Threads. Die Ausführung der Operations-Threads wird über Conditions seitens des I/O-Threads synchron zu dessen Taktung ausgelöst. Jeder Operation-Thread besitzt einen Framecounter, der die Anzahl der durchgeführten Kontaktkalkulationen summiert. Hierüber kann der I/O-Thread erkennen, ob einzelne Threads einen zeitlichen Verzug aufweisen. Die Anzahl an zu kalkulierenden Kontaktpunkten innerhalb eines Zeitschritts wird auf die einzelnen Threads aufgeteilt. Die kalkulierten Daten werden auf dem selben Kommunikationsweg wie die Ausgangsdaten übermittelt. Ähnlich wie die Eingangsdaten bestehen die Ausgangsdaten aus einem Header bestehend aus der Simulationszeit, einem Framecounter, einer Versionsangabe und der Datenlänge der Nutzdaten sowie den angehängten Nutzdaten. Die Simulationszeit und der Framecounter entsprechen den Werten aus den Eingangsdaten, wobei bei einer angewandten Extrapolation die Simulationszeit entsprechend angepasst wird. Dies ermöglicht der Fahrzeugdynamiksimulation die Latenz der Reifenkontaktberechnung zu überwachen. Über die Versionsnummer und die Datenlänge ist die Anzahl und der Aufbau der Reifenkontaktdaten ersichtlich. Die Sequenz der Datenpunkte entspricht der der Eingangsdaten. Im Standardfall sind hier die Straßenhöhe z_{Out}, die Straßenneigung in x- und y-Richtung, der Reibungskoeffizient sowie die Spurkoordinaten s und t enthalten.

5.1.5 Performanz

Aus Abbildung 5.4 lässt sich erkennen, dass der Einsatz von R-Bäumen die Rechenzeit für größere Streckennetzwerke deutlich reduziert. Während die Basismethode deutlich über die notwendigen 1 ms skaliert, ermöglicht der Einsatz von R-Bäumen eine gleichbleibende Laufzeit bei ca. 0,1 ms. Nach einer initialen Bestimmung der Streckenposition kann die Laufzeit mittels dynamischer Programmierung nochmals deutlich verkürzt werden. Auch hier ist die notwendige Rechenzeit unabhängig von der Anzahl an Geometrieelementen und skaliert somit nicht mit der Größe des Straßennetzwerks. Bei einer Worst Case Berechnungszeit von 30 μs und einer zusätzlichen Auswertung von CRG Höhendaten mit 0.5 μs im Worst Case (siehe Abbildung 4.5) lassen sich pro Thread bis zu 32 Reifenkontaktpunkte pro ms berechnen.

Wie im Pseudocode B1.2 ersichtlich, wird die Suche über R-Bäume bzw. die Basismethode nur angewendet, falls keine vorherige Spurposition bekannt ist, oder in den nachfolgenden bzw. vorhergehenden Geometrieelementen keine gültige Spurposition gefunden werden kann. Eine initiale Suche kann durch Angabe der Fahrzeugposition und somit der Reifenposition in Streckenkoordinaten umgangen werden.

5.1.6 Reifenkontaktmodelle

Anwendungen wie das TSM (siehe Kapitel 4.2.3), NVH Reifen-/ Fahrzeugmodelle [96, 99], Reifenmodelle mit Mehrpunkt-Kontakten (z.b. das FTire HiL Modell [77]) aber auch Modelle mit nur einem Einzelpunkt als Kontaktmodell (z.B. das MF-SWIFT Reifenmodell [165]) zur z.b. besseren Darstellung der Kontakthöhe, können für die Kontaktmodellierung eine Punkteanzahl > 32 benötigen. Um auch diesen Anwendungen Kontaktinformationen bereitstellen zu können ohne eine notwendige hohe Anzahl an Threads zu benötigen, wird eine Reifenkontaktberechnung basierend auf einem Rastermodell vorgestellt. Ein Raster wird über die Angabe seiner Orientierung ψ_R, seines Mittelpunkts M_R, seiner Dimensionen Dim_R und der Anzahl der Raster n_R in x- und y-Richtung

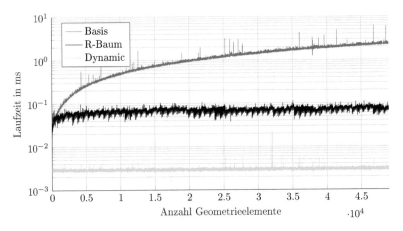

Abbildung 5.4: Latenzzeiten einer einzelnen Reifenkontaktberechnung in Abhängigkeit der Anzahl von Geometrieelementen des Straßennetzwerks unter Verwendung eines Intel® Xeon® Prozessors E5472 (Grundtaktfrequenz 3 GHz)

definiert. Auf Basis dieser Angaben werden 4 Punkte E_R, welche die äußeren Eckpunkte des Rasters abstecken, wie folgt berechnet:

$$
\begin{aligned}
E_{R,vl} &= M_R + \begin{pmatrix} cos(\psi_R) & -sin(\sin_R) \\ sin(\psi_R) & cos(\sin_R) \end{pmatrix} \text{Dim}_R \\
E_{R,hl} &= M_R + \begin{pmatrix} -cos(\psi_R) & -sin(\sin_R) \\ -sin(\psi_R) & cos(\sin_R) \end{pmatrix} \text{Dim}_R \\
E_{R,vr} &= M_R + \begin{pmatrix} cos(\psi_R) & sin(\sin_R) \\ sin(\psi_R) & -cos(\sin_R) \end{pmatrix} \text{Dim}_R \\
E_{R,hr} &= M_R + \begin{pmatrix} -cos(\psi_R) & sin(\sin_R) \\ -sin(\psi_R) & -cos(\sin_R) \end{pmatrix} \text{Dim}_R
\end{aligned}
$$

Gl. 5.8

Von diesen Eckpunkten aus werden über das bereits vorgestellte Verfahren die Reifenkontaktinformationen kalkuliert. Wie aus Abbildung 5.5 ersichtlich bedingt dies die 4-fache Rechenzeit gegenüber eines einzelnen Kontaktpunkts. Im nächsten Schritt werden Zwischenpunkte unter Angabe einer Verteilung innerhalb des Rasters erstellt. Die Verteilung erfolgt dabei basierend auf den Streckenkoordinaten und nicht auf den kartesischen Koordinaten der Eckpunkte. Somit kommt es bei einer Krümmung $\kappa \neq 0$ zu einer Verzerrung und somit Verschiebung der Rasterpunkte im Vergleich zu einer Darstellung in kartesischen Koordinaten um die Segmenthöhe h_R:

$$
h_R = \frac{1}{\kappa} - \frac{1}{2} \sqrt{\left(\frac{2}{\kappa}\right)^2 - \text{Dim}_R{}^2} \underset{\text{Dim}_R \ll \frac{1}{\kappa}}{=} 0
$$

Gl. 5.9

Unter Annahme kleiner Rasterdimensionen im Vergleich zu den Streckenradien, kann diese Verzerrung vernachlässigt werden. Aufgrund der Definition der Streckeninformationen basierend auf den Streckenkoordinaten können diese direkt berechnet werden. Zum Beispiel können die Höhendaten unter Berücksichtigung der streckendefinierten Höhen-/Neigungsprofilen bestimmt werden. Die Methode erlaubt dadurch eine deutlich effizientere Auswertung und somit größere Anzahl an Berechnungen von Rasterpunkten. Aus Abbildung 5.5 geht hervor, dass jeder zusätzliche Rasterpunkt einen ungefähren Zeitbedarf von ca. 0,08 μs (Worst Case) benötigt. Somit ergeben sich unter Einbeziehung

Tabelle 5.1: Punkteverteilung der Reifenkontakt-Raster

Name	Formel	Verteilung
Linear	$P_{\pm i} = \pm \frac{i}{n_R} \cdot \mathrm{Dim}_R$	
Quadratisch zentrisch	$P_{\pm i} = \pm \left(\frac{i}{n_R}\right)^2 \cdot \mathrm{Dim}_R$	
Quadratisch exzentrisch	$P_{\pm i} = \pm \left(1 - \left(\frac{i}{n_R}\right)^2\right) \cdot \mathrm{Dim}_R$	
Sinusförmig	$P_{\pm i} = \pm \sin\left(\frac{i}{n_R} \cdot \frac{\pi}{2}\right) \cdot \mathrm{Dim}_R$	

der $4 \cdot 30 = 120$ μs für die Eckpunkte des Rasters ca. 10.000 (280x40) bzw. bei zusätzlicher Verwendung von OpenCRG Oberflächen ca. 1500 mögliche Einzelpunkte in einer Taktfrequenz von 1 kHz.

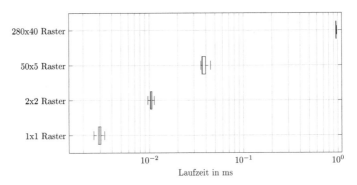

Abbildung 5.5: Latenzzeiten verschiedener Reifenkontaktmodelle unter Verwendung eines Intel® Xeon® Prozessors E5472 (Grund-taktfrequenz 3 GHz)

Bezüglich Einzelkontakt-Reifenmodellen kann unter Annahme eines statischen Reifens die Kontakthöhe des Einzelkontakts nach Gleichung Gl. 5.10 unter Einbeziehung der umliegenden Rasterpunkte angepasst werden. Dazu werden auf Basis der einzelnen Rasterpunktpositionen P_i die Abstände zum Reifen-mittelpunkt M_T berechnet. Die Höhe des Reifenmittelpunkts ergibt sich aus $M_{T,z} = P_{i=0,z} + R_T$ mit dem Reifenradius R_T und der Positionierung des Punktes M_T über dem Punkt $P_{i=0}$ d.h. $M_{T,x} = P_{i=0,x}$.

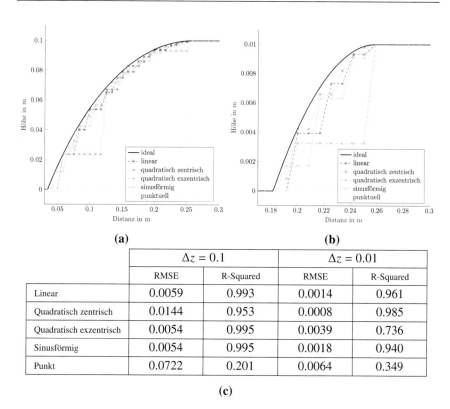

(a)   (b)

	$\Delta z = 0.1$		$\Delta z = 0.01$	
	RMSE	R-Squared	RMSE	R-Squared
Linear	0.0059	0.993	0.0014	0.961
Quadratisch zentrisch	0.0144	0.953	0.0008	0.985
Quadratisch exzentrisch	0.0054	0.995	0.0039	0.736
Sinusförmig	0.0054	0.995	0.0018	0.940
Punkt	0.0722	0.201	0.0064	0.349

(c)

Abbildung 5.6: Resultierende Kontakthöhen basierend auf Gl. 5.10 bei verschiedenen Punkteverteilungen (hier: $n_{R,x} = 20$) und einer Sprunganregung von $\Delta z = 0,1$ (a) und $\Delta z = 0,01$ (b). (c) RMSE und R-squared gegenüber dem idealem Verlauf

$$i_{\min} = \min_{i=0...n_R} ||P_i - M_T||$$
$$z_{\text{out}} = \sqrt{R_T^2 - (P_{i_{\min},x} - P_{i=0,x})^2} - (R_T - P_{i_{\min},z})$$

Gl. 5.10

Für die Punkteverteilung innerhalb des Rasters wurden die in Tabelle 5.1 aufgeführten Verfahren untersucht. Jedes dieser Verfahren hat dabei einen Fokus auf der Abtastung bestimmter Reifenbereiche. In Abbildung 5.6 sind Verläufe und Fehlerwerte gegenüber dem idealen Reifenhöhenverlauf eines statischen Reifens dargestellt. Die lineare, quadratisch zentrische und sinusförmige Verteilung erzeugen bei gleicher Anzahl an Rasterpunkten den geringsten Fehler hinsichtlich des idealen Verlaufs. Der quadratisch zentrische Ansatz erzeugt dabei den kleinsten Root Mean Squared Error (RMSE) bei geringen Straßenanregungen aufgrund seiner Punktkonzentration im Kontaktzentrum. Allerdings resultieren höhere Anregungssprünge wie z.b. bei Bordsteinüberfahrten in höheren RMSE. Die quadratisch exzentrische Variante erzeugt geringere Differenzen, allerdings liefert die sinusförmige Verteilung ähnliche Werte und kann auch bei geringeren Anregungen überzeugen. Aufgrund dessen wird für die Berechnung von Einzelkontakt-Reifenmodellen im Normalfall die sinusförmige oder lineare Punkteverteilung verwendet. Sollen insbesondere Bordsteinüberfahrten abgebildet werden, kann die Kalkulation zur Laufzeit auf die quadratisch exzentrische Punkteverteilung umgestellt werden, um impulsartige Kontaktsprünge zu minimieren.

Je nach Anwendung hat jede Punkteverteilung ihren speziellen Einsatzzweck. Für das TSM wird aufgrund der Übereinstimmung der Punktabstände mit dem Gitternetzaufbau des Reifens die sinusförmige Berechnung verwendet. Im Falle von NVH-Modellen wird aufgrund des Fokus auf der detailreicheren Reifenhauptkontaktregion bei Normalfahrt die quadratische Verteilung priorisiert. Auch bei Reifenmodellen mit Mehrpunktkontakten wird die quadratisch zentrische oder lineare Verteilung verwendet. Eine weitere Approximation des Kontaktmodells über z.b. nicht-uniforme rationale B-Splines (NURBS) kann auf Seiten des Reifenmodells erfolgen [182]. Hier werden neben den Höhen der Rasterpunkte auch deren Gradienten in s- und t-Richtung benötigt.

5.2 Prädiktive Streckendaten

Die Nutzung von Kartendaten wird verstärkt für die Realisierung neuer FAS eingesetzt. Sie übernehmen die Funktion eines Long Range Sensors und finden Anwendung sowohl in Sicherheits- als auch in Komfort- und Effizienzfunktionen [125]. Die aus dem Kartenmaterial entnommenen Informationen über die dem Fahrzeug vorausliegende Strecke werden als elektronischer Horizont bezeichnet. Für den elektronischen Horizont existiert die standardisierte Spezifikation Advanced driver assistance interface specification (Adasis). Hersteller wie HERE Adas Map (ehemals Navteq ADAS-RP) oder TomTom Adas Map erstellen den elektronischen Horizont auf Basis von Navigation Data Standard (NDS) Karten im Fall von Adasis v2 oder über den cloudbasierten Kartenbereitstellungsdienst AutoStream [44, 177, 178]. Simulationframeworks wie EB Assist ADTF, dSpace oder IPG CarMaker bieten Toolboxen an, welche den Zugriff auf Adasis Daten ermöglichen. Die Kartendaten entsprechen hierbei Realkarten und werden im Fall von IPG CarMaker in das IPG Road Format konvertiert.

Aufgrund der limitierten Bereitstellung der Adasis Daten auf Realstrecken und der indirekten Unterstützung des OpenDRIVE Formats ist die Nutzung reiner virtueller Straßennetzwerke und die Erstellung variabler Szenarien eingeschränkt. Daher wird in Kapitel 5.2.1 eine Methode vorgestellt, welche auf Basis von OpenDRIVE Karten Adasis v2 Daten generiert. Im folgenden Kapitel 5.2.2 wird deren Verwendung zum einen für realisierte FAS und zum anderen im Kontext der DiL Simulation aufgezeigt. Das abschließende Kapitel widmet sich mit einer sekundären Nutzung der Methode durch eine kombinierte Anwendung mit dem Konvertierungsalgorithmus aus Kapitel 6.2.2.

5.2.1 Adasis Daten basierend auf OpenDRIVE

Das Adasis v2 Format unterscheidet drei Datenpakete zur Übermittlung der vorausliegenden Streckeninformationen mit einer vorgegebenen Maximalentfernung $s_{\text{Req,max}}$. Pro Frame mit einer periodischen 100 Hz Taktung wird eine dynamische Anzahl an Datenpaketen erzeugt. Ein Paketheader signalisiert die Zugehörigkeit zu einem elektronischen Horizont (Frame) und durch Übermittlung einer aufsteigenden Paketnummer können Verluste erkannt werden. Ein Flag innerhalb des Headers erlaubt die Unterscheidung der folgenden Paketarten:

- Basispaket: Das Paket enthält die aktuelle Fahrzeuggeschwindigkeit zum Zeitpunkt der Kalkulation des elektronischen Horizonts. Diese Information dient der Extrapolation der Streckeninformation bis zum Eingang des nächsten elektronischen Horizonts.

- Attributpaket: In diesem Paket können verschiedenste Streckeninformationen übermittelt werden. Hierzu wird über einen weiteren Header die Art und die Anzahl der beinhaltenden Attributwerte angegeben. Die Anzahl ist abhängig von dem Verlauf und der Kodierung des Attributwerts innerhalb des Horizonts von $s_{Req,max}$. Ein einzelnes Attributelement besteht aus einer Distanz s_{Att}, einer Länge l_{Att} und einem Wert val_{Att}. Die Distanz s_{Att} gibt die vorausliegende Streckendistanz an, ab dem der Attributwert val_{Att} für die Länge l_{Att} gültig ist. Ein Attribut ist somit im Abstand s_{Req} gültig, wenn $s_{Req} \geq s_{Att}$ und $s_{Req} \leq s_{Att} + l_{Att}$ gilt. Der Attributwert wird in Abhängigkeit der Attributart kodiert wie z.B. im Fall des Attributs Tempolimit die maximale Höchstgeschwindigkeit in km/h.

- Kreuzungspaket: Dieses Paket dient der Übermittlung vorausliegender Kreuzungspunkte. Hierzu wird die Distanz s_{Junc} bis zum Kreuzungspunkt, die Anzahl der Kreuzungspfade, deren Drehwinkeldifferenzen zwischen Anfang und Ende des einzelnen Kreuzungswege sowie deren Verwendungswahrscheinlichkeit angegeben. Nachfolgende Kreuzungen werden über separate Pakete übermittelt, wobei die Summe der Verwendungswahrscheinlichkeit an einer Kreuzung der Verwendungswahrscheinlichkeit des vorherigem Kreuzungswegs entspricht.

Zur Abbildung der Adasis Daten soll auf Basis der Eigenfahrzeugposition und eines OpenDRIVE Straßennetzwerks periodisch eine Sequenz von vorausliegenden Streckenattributen bis zu einer Distanz $s_{Req,max}$ ermittelt werden. Dafür müssen die Übergänge zwischen den Fahrspursegmenten und deren Verzweigungen in Kreuzungsbereichen modelliert werden.

Hierzu wird ein Netz basierend auf den Fahrspuren aufgebaut. Ein Fahrspursegment lane repräsentiert hierbei einen Knoten und ist über bis zu 4 verschiedene Kantenarten und -anzahlen mit den umliegenden Fahrspursegmenten verknüpft. Ein Fahrspursegment kann $[0, 1]$ linke, $[0, 1]$ rechte, $[0, n_{pre}]$ vorgehende sowie $[0, n_{suc}]$ nachfolgende Spursegmente besitzen. Für jedes Spursegment werden die in der OpenDRIVE enthaltenen Streckeninformationen als Attributlisten sowie die Gierwinkel-Differenzen innerhalb des Spursegments hinterlegt. Die Attributlisten bestehen aus Paaren von Streckendistanzen s_{Att} und Attributwerten val_{Att}. Die Listen werden in Abhängigkeit der Attributart wie folgt generiert:

- Radius: Aufgrund des linearen Verlaufs der Krümmung bei den geometrischen Elementen Gerade, Kreis und Klothoide kann die Beschreibung der Streckenkrümmung basierend auf zwei Listeneinträgen mit den entsprechenden Radiuswerten am Anfang und am Ende der Elemente erfolgen. Polynome werden über das gleiche Vorgehen näherungsweise beschrieben, wobei bei einem vorhandenen lokalen Maxima bzw. Minima innerhalb des Elementbereichs, diese als zusätzliche Listenwerte aufgenommen werden. Über einen weiteren Krümmungswert der Spur können zusätzlich auftretende Krümmungen, hervorgerufen durch Änderung unterliegender Streckenbreiten oder eines Spurversatzes (z.B. Verkehrsinseln), wiedergegeben werden.

- Höhe/Neigung: Die über Polynome kodierten Höhen- bzw. Neigungsverläufe werden wie zuvor beschrieben über die Eintragungen an den Anfangs-, End- und Zwischenpunkten an eventuellen lokalen Maxima oder Minima abgelegt.

- Spurbreite: Gleiches Vorgehen wie zuvor aufgrund der gleichen Beschreibungsform über Polynome dritter Ordnung.

- Spuranzahl: Aufsummierung der Spuren in gleicher und entgegengesetzter Richtung. Durch die Erweiterung gegenüber dem Standard um zwei Attributarten kann die Spuranzahl in gleicher Fahrtrichtung noch detaillierter durch die Anzahl der linken und rechten Spuren beschrieben werden (siehe Tabelle 5.2)

- Tempolimit: Das Tempolimit ergibt sich aus dem Straßentyp und dem in der Straßenverkehrs-Ordnung (StVO) hinterlegten Geschwindigkeitslimit. Daneben werden Einschränkungen des Tempolimits aufgrund Verkehrsbeschilderungen als zusätzliche Listenwerte berücksichtigt.

- Ampel: Als Erweiterung zum Standard werden neben statischen Verkehrsschildern auch dynamische Signalanlagen in dem elektronischem Horizont dargestellt. Hierzu werden die für die Fahrspur relevanten Ampelanlagen an den entsprechenden Haltelinien als Attribut eingetragen. Der Attributwert besteht hierbei zum einem aus einer eindeutigen Identifikationsnummer (ID) zur Entscheidung mehrerer Ampelsignalen und zum anderen aus einem Ampelsignal und dessen Restlaufzeit, welche zur Laufzeit auf Basis des ROBJ Datenbusses ermittelt werden.

Zur Laufzeit wird die kartesische Position des Fahrzeugs aus dem ROBJ Datenstrom entnommen. Nach einer initialen Bestimmung der zugehörigen Streckenposition erfolgen nachfolgende Berechnungen auf Basis der in Kapitel 5.1.3 vorgestellten Methode. Bei einem Segmentübergang in Folge der Fahrzeugbewegung wird das aufgebaute Netz genutzt, um mögliche Segmente zu selektieren. Die Richtung der Fahrzeugbewegung entscheidet, ob die nachfolgenden Segmente $n_{next} = n_{suc}$ oder die vorhergehenden Segmente $n_{next} = n_{pre}$ in Frage kommen. Bei mehreren Möglichkeiten $n_{next} > 0$, im Falle von Kreuzungen ist die Blinkerstellung kombiniert mit den jeweiligen Gierwinkel-Differenzen $\Delta\psi$ der Kreuzungspfade (siehe Gleichung Gl. 5.11) entscheidend für den weiteren Verlauf.

$$\text{lane}_{i+1} = \begin{cases} \max\limits_{i,k=0\ldots n_{next}} \Delta\psi_{i,k} & \text{lightMask} = \text{Blinker Links} \\[2mm] \min\limits_{i,k=0\ldots n_{next}} \Delta\psi_{i,k} & \text{lightMask} = \text{Blinker Rechts} \\[2mm] \min\limits_{i,k=0\ldots n_{next}} |\Delta\psi_{i,k}| & \text{sonst} \end{cases} \qquad \text{Gl. 5.11}$$

Tabelle 5.2: Adasis: Auszug von Attributen

Attribut	ADASIS v2	Wert	Beschreibung
Radius Strecke	✓	cm	Kurvenradius (Gerade = 0)
Radius Spur	✗	cm	Spurradius (Gerade = 0)
Höhe	✓	cm	Straßenhöhe
Neigung	✓	$1/10$ %	Straßensteigung
Spurbreite	✓	cm	Fahrspurbreite
Spurbreite links	✗	cm	Fahrspurbreite der links benachbarten Spur
Spurbreite rechts	✗	cm	Fahrspurbreite der rechts benachbarten Spur
Spuranzahl	✓	-	Anzahl aller Spuren
Spuranzahl links	✗	-	Anzahl der links benachbarten Spuren der gleichen Fahrtrichtung
Spuranzahl rechts	✗	-	Anzahl der rechts benachbarten Spuren der gleichen Fahrtrichtung
Spuranzahl (Gegenseite)	✓	-	Anzahl aller Spuren in Gegenrichtung
Tempolimit	✓	kmh	Straßentyp + Beschilderung
Ampel	✗	-|-|s	ID, Zustand, Zeit

Nach Feststellung der Position innerhalb des Spurnetzes werden die Attribute innerhalb der Distanz $s_{Req,max}$ extrahiert. Dazu werden alle Attributlisten einbezogen, welche beim Durchlaufen des Netzes in Fahrtrichtung bis zum Erreichen der maximalen Distanz auftreten. Bei Kreuzungen erfolgt die Selektion des nächsten Segments auf gleiche Weise wie bei der Segmentbestimmung in Folge der Fahrzeugbewegung, wobei nach der ersten Kreuzung die Blinkerstellung ignoriert wird. Attribute wie Straßenbeschilderungen oder Ampelanlagen, welche Einzelereignisse darstellen, werden direkt übernommen. Bei Attributen, welche eine lineare Interpolation zulassen, wird deren Anzahl durch Anpassung der Gültigkeitslängen l_{Att} zum Teil verringert. Zum Beispiel können konstante Radiusverläufe durch ein Attribut repräsentiert werden, indem die Gültigkeitslänge l_{Att} mit der Länge des Geometrieelements gleichgesetzt wird. Die Extraktion der Informationen der Kreuzungspunkte erfolgt auf ähnliche Art und Weise, mit dem Unterschied, dass alle Kreuzungswege bis zur Maximaldistanz $s_{Req,max}$ verfolgt werden. Die Verwendungswahrscheinlichkeit der Kreuzungspfade innerhalb einer Kreuzung werden gleichverteilt bzw. der nach Gleichung Gl. 5.11 präferierte Weg erhält die doppelte Wahrscheinlichkeit.

Um neben der Nutzung der vorgestellten Methode auf Basis von OpenDRIVE auch weitere Tools wie dSpace Adas-RP verwenden zu können, dienen die im ROBJ Datenstrom enthaltenen Polarkoordinaten des Eigenfahrzeugs, welche der geographische Länge und Breite entsprechen, als Eingangsgröße.

5.2.2 Verwendung im Fahrsimulator

Der elektronische Horizont wird innerhalb des Frameworks zur Realisierung von FAS - welche vorausliegende Streckendaten benötigt - zur Optimierung der DiL Simulation und für die Parametrierung virtueller Szenarien verwendet. Beispiel eines FAS ist die sicherheitsoptimierte Längsführungsassistenz (SOL) [161]. Ziel der SOL ist die Senkung der Durchschnittsgeschwindigkeit zur Erhöhung der Sicherheit von Fußgängern. Zur Erreichung einer hohen Fahrerakzeptanz begrenzt das System die Fahrgeschwindigkeit nicht auf z.B. die zulässige Höchstgeschwindigkeit, sondern passt diese in Abhängigkeit eines Gefahrenpotentials an. Für die Bewertung des Gefahrenpotentials werden neben dem Tempolimit auch Fußgängerüberwege oder Ampelanlagen des elektronischen Horizont berücksichtigt, da diese Bereiche ein erhöhtes Kollisionsrisiko mit Fußgängern besitzen. Zur Steigerung weitere Sicherheitsaspekte wie der Spurhaltung können noch weitere Attribute wie die Krümmungsradien vorausliegender Kurvenstrecken berücksichtigt werden.

Zur Optimierung der DiL Simulation hat [147] die Vorteile der Nutzung vorausliegender Streckeninformationen für die Bewegungsdarstellung aufgezeigt. Hier wird der Krümmungsverlauf der Strecke als Vorsteuerung für die Tilt Coordination verwendet. Aufgrund der Tiefpassfilterung der Tilt Coordination und der dadurch bedingten zeitlichen Verzögerung wird dies durch die Berücksichtigung eines vorausliegenden Streckenpunkts kompensiert.

Auch für das Erstellen von Szenarien stehen neue Möglichkeiten zur Verfügung. Zum Beispiel können Aktionen in Vorausschau zu einer Kurve ausgelöst werden. Spurenden mit eventuell weiterführenden Fahrspuren links oder rechts sind basierend auf den Spurbreiteninformationen erkennbar. Der Zustand kommender Lichtanlagen kann für die Gestaltung des Szenarios einbezogen werden. Es ist erkennbar, dass die Vielzahl an Attributen und die direkte Verknüpfung dieser mit der Fahrzeugposition die Möglichkeiten der Szenariomodellierung deutlich erhöhen.

5.2.3 Nutzung im Realverkehr mittels OSM

Die in Kapitel 5.2.1 vorgestellte Methode erlaubt unter Einbeziehung der in Kapitel 6.2.2 beschriebenen Gewinnung von OpenDRIVE aus OSM den Aufbau einer Adasis Bereitstellung im Realverkehr. Hierzu werden die durch die OpenDRIVE Generierung enthaltenen Informationen wie Straßenkrümmungen oder die Vernetzung der Spursegmente als OSM *keys* zurückgeführt. Eher sporadisch hinterlegte Straßeninformationen wie die Straßenkrümmung können hierdurch vervollständigt werden. Dabei können basierend auf einem KNN die Attribute in Form von OSM *keys* den bestehenden OSM *nodes* zugeordnet werden. Alternativ können auch die kompletten OSM *ways* einschließlich der OSM *nodes* Positionen durch die OpenDRIVE Strecken ersetzt werden.

Nach Optimierung der enthaltenen Streckeninformationen kann die Lokalisierung des Fahrzeugs innerhalb der OSM auf Basis dessen Geokoordinaten erfolgen. Dies kann über ein KNN und R-Baum realisiert werden [185]. Die Extraktion der Attribute erfolgt analog zur Methode aus Kapitel 5.2.1. Aufgrund der niedrigen Leistungsanforderungen erreicht der Algorithmus auf einem Beaglebone Black eine Taktfrequenz von 100 Hz. Durch die Nutzung von OSM und somit die Nutzung einer vergleichbaren Menge von Straßeninformationen wie innerhalb des Fahrsimulator Frameworks können FAS basierend auf Adasis Daten neben der Simulatorfahrt auch in einer Realfahrt getestet werden. Des Weiteren können FAS wie [21] durch die detailliertere Darstellung der Adasis Daten wie die Straßenkrümmungen weiter optimiert werden.

5.3 Umgebungsobjekte

Neben streckenabhängigen Informationen sind die Position und das Verhalten umgebender dynamischer Objekte für den Betrieb von FAS von entscheidender Bedeutung. Die Bewegung dynamische Objekte erfolgt über eine Verkehrssimulation. Die Objekte reagieren dabei auf das Verhalten anderer Objekte, des Eigenfahrzeugs oder aufgrund definierter Aktionen innerhalb der Szenario-Definition. Dynamische Objekte sind z.B. Fremdverkehrsfahrzeuge, Fußgänger sowie Ampelanlagen. In Abhängigkeit der Verkehrssimulation sind für den Datenaustausch unterschiedliche Schnittstellen erforderlich. Zum Beispiel nutzt der VTD Traffic einen eigens spezifizierten Ethernet-basierten Datenbus (RDB) für Laufzeitdaten und einen weiteren Ethernet-basierten Bus (SCP) für Event-basierte Daten. Die Verkehrssimulation Simulation of Urban Mobility (SUMO) nutzt das Traffic Control Interface (TraCI) Protokoll zur Übermittlung von Laufzeitdaten als auch Ereignissen. Um hier nicht jedes eigene Simulationsmodul mit den jeweiligen Schnittstellen ausstatten zu müssen, wird eine einheitliche Schnittstelle ROBJ definiert, in welche die verschiedenen Datenbusse überführt werden.

Das folgende Kapitel beschreibt den Aufbau des Formats ROBJ. Das nachfolgende Kapitel erläutert ein ergänzendes Format vROBJ, welches die ROBJ Daten mit dem Streckennetzwerk verknüpft und die Objekte innerhalb einer vereinfachten virtuellen Strecke platziert.

Tabelle 5.3: Headerstruktur ROBJ Format

Bit	0	7	8	15	16	23	24	31
0	Simulationszeit							
32	ID							
64	Typ				Flags			

5.3.1 RoadObject Format

Das ROBJ Format übermittelt die Position und die Zustände dynamischer Objekte bezüglich unterschiedlicher Koordinatensysteme. Über einen Datenheader werden die eingehenden Datenpakete hinsichtlich ihrer Nutzdaten beschrieben (siehe Tabelle 5.3). Die Simulationszeit des Headers erlaubt die Zuordnung der Daten zu einem Frame. Über den Typ werden die diversen dynamischen Objektarten wie Fahrzeuge Typ = 1, Fußgänger Typ = 2 oder Ampelanlagen Typ = 4 unterschieden. Die ID erlaubt die eindeutige Identifizierung und Nachverfolgung eines bestimmten Simulationsobjekts. Das Eigenfahrzeug wird über die feste ID = 1 kodiert. Das Entfernen eines Objekts aus der Simulation wird über den Typ = −1 signalisiert, wobei in Verbindung mit einer ID = −1 alle dynamische Objekte entfernt werden.

Über die Flags werden Art und Umfang nachfolgender Nutzdaten definiert. Nutzdaten sind Positions-, Geschwindigkeits- und Beschleunigungsvektoren in kartesischen (Flags = 0x1) und Kugelkoordinaten (Flags = 0x2) relativ zum Eigenfahrzeug oder den Streckenkoordinaten (Flags = 0x4). Objektreferenzpunkt ist die Objektmitte bzw. bei Fahrzeugen die Mitte der Hinterachse auf Straßenniveau. Streckenkoordinaten werden unter Berücksichtigung des spurbasierten Netzes berechnet. Über ein weiteres Bit (Flags = 0x10) wird auf das Vorhandensein von je nach Objektart spezifischen Nutzdaten hingewiesen. Bei Fahrzeugen sind das z.B. die Fahrzeugbeleuchtung, die Reifen-/Motordrehzahl oder die Fahrereingaben, wohingegen bei Fußgängern deren ausgeführten Gestiken beschrieben werden. Für Ampelanlagen werden deren aktuellen Zustände und die verbleibende Restlaufzeit als Nutzdaten übermittelt. Bei den kartesischen und Kugelkoordinaten des Eigenfahrzeugs handelt es sich um Absolutangaben, wobei die Kugelkoordinaten den Geokoordinaten entsprechen.

Zur Reduzierung der Datenmenge des ROBJ Busses werden nur dynamische Objekte innerhalb eines Radius R_{ROBJ} einbezogen. Zur Vermeidung der Oszillation eines Objekts wird hierzu eine Hysterese durch Nutzung zweier Radien realisiert. Objekte innerhalb eines Radius $R_{ROBJ,in}$ werden neu hinzugefügt und integrierte Objekte außerhalb eines $R_{ROBJ,out} > R_{ROBJ,in}$ entfernt.

5.3.2 Virtual RoadObject Format

In der bisherigen Datenstellung sind die Positionen der Objekte entweder in Absolutkoordinaten oder relativ in Form von Kugelkoordinaten in Relation zum Eigenfahrzeug angegeben. Um relative Objektlagen zum Eigenfahrzeug bezüglich des Fahrspurverlaufs erkennen zu können, müsste jede Anwendung selbst entscheiden, ob eine Objektposition innerhalb einer bestimmten Fahrbahn liegt und z.b. ein Hindernis darstellt. Um derartige Informationen global bereitstellen zu können, wurde ein eigenes Simulationsmodul geschaffen, welches die in dem ROBJ Bus enthaltende Streckenkoordinaten auf eine virtuelle Strecke, relativ zum Eigenfahrzeug, abbildet.

Hierzu werden die Objekte - Fahrzeuge und Fußgänger - innerhalb des spurbasierten Netzes (siehe Kapitel 5.2) als dynamische Objekte mit den entsprechenden Knoten verknüpft. Anschließend wird das Netzwerk beginnend bei der Position des Eigenfahrzeugs einmal in Fahrzeugrichtung, aber auch entgegen der Fahrzeugrichtung durchlaufen. Bei Detektion eines verknüpften Objekts innerhalb des Knotens wird das Objekt als vorausliegendes bzw. nachfolgendes Objekt klassifiziert. Über die Längen der zurückgelegten Segmente und die

Tabelle 5.4: Headerstruktur vROBJ Format

Bit	0	7	8	15	16	23	24	31
0	Simulationszeit							
32	$Flags_l$		$Flags_{own}$		$Flags_r$		-	
64	Anzahl n_{vl}				Anzahl n_{hl}			
96	Anzahl $n_{v,own}$				Anzahl $n_{h,own}$			
128	Anzahl n_{vr}				Anzahl n_{hr}			

Streckenposition des Objekts innerhalb des aktuellen Segments kann der relative Abstand $s_{obj,rel}$ zum Eigenfahrzeug berechnet werden. Neben dem Abstand wird der relative Spurversatz, die streckenbezogenen relativen Geschwindigkeiten und Beschleunigungen berechnet. Das Durchlaufen des Netzes wird beim Erreichen einer Maximaldistanz $s_{Req,max}$ oder einer konfigurierbaren Anzahl von erkannten Objekten $n_{Req,max}$ beendet. Um neben den Objekten innerhalb des Verlaufs der Eigenfahrzeugfahrspur auch Objekte auf der linken und rechten Fahrspur zu detektieren, wird der Suchalgorithmus auf die zwei benachbarten Fahrspuren angewandt. Die Objektsuche wird in Kreuzungsbereichen bei einer nicht mit der Eigenspur übereinstimmenden Verzweigung abgebrochen.

Die erkannten Objekte werden über ein bis zu $6 \cdot n_{Req,max}$ Objektpositionen umfassendes Datenpaket übermittelt. Über einen Header (siehe Tabelle 5.4) wird die Anzahl an erkannten Objekten auf den jeweiligen relativen Spuren signalisiert. Anschließend folgt die entsprechende Anzahl an Objektdaten in der Reihenfolge der angegebenen Objektanzahlen im Header. Die Objektdaten bestehen neben den ermittelten Positionsdaten aus einer ID zur Identifikation des Objekts. Hierüber können z.b. anhand der OpenSCENARIO Kataloge die Abmessungen der Objekte identifiziert werden. Die Positionsabstände sowohl nach vorne als auch nach hinten werden als positiver Wert angegeben d.h. das Streckenreferenzkoordinatensystem wird in entgegengesetzter Richtung um 180° gedreht. Erst unter Berücksichtigung der Objektabmessungen signalisieren negative Abstände eine Objektkollision. Über die Flags kann abhängig von der Fahrspur eine bereits erfolgte Berücksichtigung angezeigt werden.

6 Virtuelle Testfahrt

Unter einer virtuellen Testfahrt versteht man die virtuelle Abbildung einer Realfahrt. Um dies zu ermöglichen ist eine realitätsnahe Darstellung der Umgebung, einschließlich deren Objekte und Verhaltensweisen erforderlich. Hierzu ist eine Datenbank an dynamischen Objekten wie Fahrzeugen und Fußgängern als auch statischen Objekten notwendig. Um den dynamischen Objekten ein z.b. in Abhängigkeit des Fahrertyps bestimmtes Verkehrsverhalten geben zu können, benötigen die Modelle als Grundlage eine logische Beschreibung des Straßennetzwerks. Somit ist ein Katalog an Straßennetzwerken notwendig um entsprechende Verkehrsszenarien abzubilden.

Die Unterkapitel 6.1 und 6.2 beschäftigen sich mit der Selektion eines geeigneten Streckenbeschreibungsformats und dessen Generierung. Das folgende Kapitel 6.3 erläutert die Funktionsweise des OpenScenarioPlayers, welcher den Ablauf von Szenarien auf Basis einer OpenSCENARIO Beschreibung kontrolliert. Im letzten Kapitel 6.4 wird eine Methode vorgestellt, welche die Permutation und die dynamische Zusammensetzung einzelner Testszenarien erlaubt.

6.1 Bewertung möglicher Streckenformate

Die in Kapitel 2.3.2 aufgezählten Straßennetzwerke wurden hinsichtlich ihrer Verwendung anhand der unteren Tabelle 6.1 bewertet. Zur Erstellung von Karten im OSM Format existieren eine große Anzahl von Tools wie der Java-OpenStreetMap-Editor (JOSM) oder der webbasierte iD Editor. LaneLet2 nutzt einen Teil dieser Tool-Landschaft. Im Vergleich dazu existieren für Strecken im OpenDRIVE, IPG Road5 und OpenCRG Format eine deutlich geringere Anzahl an Tools. Für OpenDRIVE kann die frei verfügbare Software Open-RoadEd [118], der RoadManager von Esmini [112], Matlab Roadrunner oder der Road Network Editor (ROD) des VTD Frameworks verwendet werden. Für den Standard OpenCRG wird seitens ASAM eine API zur Verfügung gestellt, wohingegen für das IPG Road5 Format nur das Framework von IPG in Frage kommt. Für eine visuelle Anzeige der Streckenbeschreibung verhält es sich ähnlich mit der Ausnahme, dass für die Ansicht des OpenDRIVE Netzwerks weitere Anwendungen wie ein webbasierter OpenDRIVE Viewer[1] genutzt werden können.

OSM, OpenDRIVE und OpenCRG finden eine breite Anwendung bei OEMs und Tier-1-Zulieferern. Dementsprechend groß ist Unterstützung und Austauschbarkeit der Formate. Aufgrund der Integration des IPG Road5 Formats innerhalb des IPG Framework wird das Format fast ausschließlich hier unterstützt, wobei eine Konvertierung von OpenDRIVE möglich ist. Bezüglich Formatkonvertierungen existieren vor allem Konverter von und nach Open-DRIVE. Beispielhaft erlaubt die Anwendung OpenDRIVE 2 LaneLet eine Überführung in das LaneLet2 Format [4] oder innerhalb des CARLA Simulationsframeworks [47] kann OSM nach OpenDRIVE konvertiert werden. Daneben existieren zahlreiche andere Tools mit weiteren Ausgangsformaten wie r:trån mit CityGML [168]. OpenCRG kann aufgrund seiner detaillierten Darstellung von Straßendaten in Form einer Matrix nicht direkt in ein anderes hier aufgeführtes Format konvertiert werden, allerdings erlauben OpenDRIVE und IPG Road5 eine Referenzierung auf als OpenCRG hinterlegte Straßendaten wie die Straßenhöhe.

Während OSM, LaneLet2 und OpenCRG die Strecken über Polygonzüge beschreiben, verwenden OpenDRIVE und IPG Road5 kontinuierliche Elemente wie Geraden, Kurven, Klothoiden und Polynome. Bezüglich des Höhenverlauf basieren OSM und LaneLet2 auf punktuellen Höhen, wohingegen OpenDRIVE und IPG Road5 sowohl die Straßenhöhe als auch die Straßenneigung über Polynome darstellen. OpenCRG erlaubt die detailreichste Abbildung der Straße durch Nutzung eines Gitters an Straßenhöhen. Dahingegen erlaubt OpenCRG weder die Erstellung von Fahrspur- noch Kreuzungslogiken. OSM erlaubt die Angabe der Anzahl von Fahrspuren, aber erst mit LaneLet2 ist eine detaillierte Beschreibung auf Basis von Polygonzügen möglich. OpenDRIVE und IPG Road5 verwenden hierfür wieder Polynome, welche die Spurbreiten bzw. die Spurgrenzen definieren. Kreuzungen werden sowohl in OpenDRIVE, IPG

---

[1]https://odrviewer.io

Tabelle 6.1: Bewertung digitaler Straßenformate in einer Skala von 1 bis 5 (1 = schlecht und 5 = gut) basierend auf [50]

	OSM	LaneLet2	OpenDRIVE	IPG Road5	OpenCRG
Allgemein					
Editor	5	4	3	1	2
Viewer	5	4	4	1	2
Support	5	3	4	1	5
Konverter	3	3	4	3	1
Inhalt					
Verlauf 2D	3	3	5	5	3
Verlauf 3D	2	3	4	4	5
Fahrbahn	3	4	5	5	-
Kreuzungen	3	5	5	5	-
Resultat					
Summe	29	29	34	25	-

Road5 als auch LaneLet2 durch die Angabe der entsprechenden Verlinkungen der Strecken logisch abgebildet.

Basierend auf den genannten Unterschieden wurden die Formate bzgl. ihres Formatinhalts aber auch deren Toolumgebung bewertet (siehe Tabelle 6.1). OpenDRIVE konnte als Streckenformat überzeugen und wird als Beschreibungsformat für die Erstellung von virtuellen Straßennetzwerken innerhalb des Frameworks verwendet. Neben den genannten Gründen gewährleistet die breite Anzahl an Konvertern in andere Formate die im Einzelfall mögliche Bereitstellung auch anderer Streckenformate.

6.2 Bereitstellung eines OpenDRIVE Straßennetzwerks

Die Erstellung eines OpenDRIVE Straßennetzwerks kann unter verschiedenen Anforderungen erfolgen. Dabei kann die Abbildung einer realen Referenzstrecke erforderlich sein oder es sind nur einzelne Aspekte wie der Strecken-,

Längs-, oder Querneigungsverlauf usw. von Interesse, was die Umsetzung als rein virtuelle Strecke erlaubt. Im Kapitel 6.2.1 werden die Möglichkeiten untersucht, welche zur Beschreibung einer Referenztrajektorie im OpenDRIVE Format zur Verfügung stehen, bevor anschließend in Kapitel 6.2.2 bzw. 6.2.3 eine Methode zur Erstellung der Karteninformationen basierend auf Realdaten bzw. virtuellen Daten vorgestellt wird.

6.2.1 Gestaltungselemente Referenztrajektorie

Für die Definition der Referenztrajektorie gibt OpenDRIVE die folgenden Gestaltungselemente vor: Geraden, Kreise, Klothoide und kubische Polynome. Die Gestaltungselemente lassen sich in zwei Gruppen aufteilen: Zum einen die Beschreibung über Klothoiden einschließlich der Elemente Kurven und Geraden als Sonderform der Klothoide mit konstanten Krümmungsverläufen und zum anderen die Beschreibung über Polynome.

Zur Bewertung der Gestaltungselemente sind in Abbildung 6.1 beispielhafte Verläufe inklusive des Krümmungsbereichs zwischen $\kappa_s \in (0, \infty]$ dargestellt. Anhand der Darstellung eines möglichen Spurverlaufs mit $t = \text{const}. \neq 0$ ist ersichtlich, dass es im Falle von Polynomen zu Mehrdeutigkeiten, sogenannten Singularitäten, kommen kann. Die anderen Gestaltungselemente erlauben eine eindeutige Zuordnung unter der Bedingung $t \in [0, \infty]$. Aufgrund der möglichen Überlappungsbereiche bei Polynomen können Punkte mehreren Streckenkoordinaten zugewiesen werden. Dies führt zu Fehlern bei der Transformation von kartesischen Koordinaten in Streckenkoordinaten und muss folglich bei der maximal zulässigen Spurbreite berücksichtigt werden, da dies neben den Transformationsfehlern auch zu Artefakten in der visuellen Darstellung der Fahrbahnspur führt.

Die Überführung von Realdaten in Form von Polygonzügen in eine stetige Beschreibung mittels Polynomen kann über eine kubische Polynominterpolation oder eine kubische Spline-Interpolation erfolgen. Eine Polynominterpolation höheren Grades ist zum einen aufgrund der fehlenden Definition innerhalb der OpenDRIVE Spezifikation und zum anderen aufgrund des Runge Phänomens ungeeignet. Das Runge Phänomen besagt, dass eine Erhöhung des Polynomgrads zu einer Verschlechterung der Güte durch verstärktes Oszillieren führen

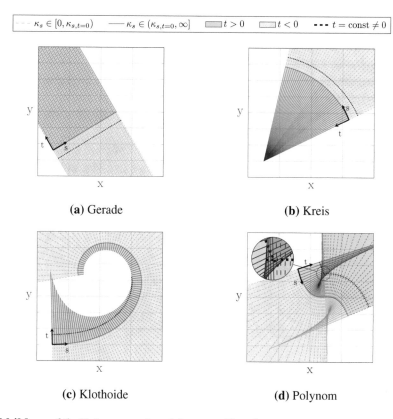

Abbildung 6.1: Krümmungsbereiche $\kappa_s \in [0, \infty]$

kann [162]. Abbildung 6.2 zeigt die resultierenden Verläufe unter Anwendung einer kubischen Polynominterpolation [88] bzw. einer Spline-Interpolation mit gleichverteilten Stützstellen (hier: 5) [89] auf einen 90° Kreisbogen. Auffällig sind die von der Lage des Kreisbogens bzgl. des Koordinatensystems abhängigen Abweichungen. Der RMSE-Wert variiert in den drei dargestellten Lagen des Kreisbogens um Faktor 25 sowohl bei der Polynom- als auch Spline-Interpolation.

Aufgrund der dargestellten Problematiken und der in [124, 170] gezeigten möglichen Nutzung von Klothoiden zur Interpolation wird aus folgenden Gründen die Gruppe der Klothoiden als Gestaltungselemente priorisiert:

1. **Spurbereich:** Einfache Erkennung des Streckenbereichs aufgrund des Ausbleibens von Überlappungen und somit Singularitäten im Bereich bis zum Krümmungsmittelpunkt M_K

2. **Approximation:** Interpolationsgüte unabhängig von der Lage des Koordinatensystems

3. **Digital Darstellung:** Linearer Krümmungsverlauf und fehlerfreie Übermittlung über das Adasis Protokoll (siehe Kapitel 5.2)

4. **Gestaltung der Referenzlinie:** Möglichkeit der einfachen Umsetzung eines Verfahrens zur Streckengenerierung basierend auf den Straßenbaurichtlinien (siehe Kapitel 2.3.1)

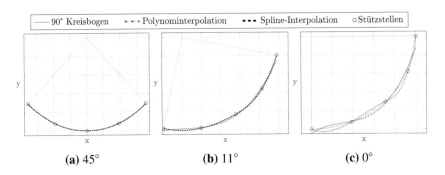

(a) 45°   (b) 11°   (c) 0°

Abbildung 6.2: Interpolation eines 90° Kreisbogens in drei Lagen [119]

6.2.2 Streckengenerierung basierend auf Realdaten

Zur Darstellung realer Streckenverläufe muss eine Methode geschaffen werden, welche die vermessenen Straßendaten in eine OpenDRIVE Beschreibung überführt. Hierfür ist OSM ein geeignetes Ausgangsformat (siehe Kapitel 2.3.2). Über OSM können Informationen bzgl. der Strecken- und Höhenverläufe der Referenzlinien als auch der Straßenkategorie oder Verkehrszeichenpositionen entnommen werden. Eine hochgenaue Abbildung der einzelnen Fahrspurbreiten oder der Straßenoberfläche kann hierüber nicht erfolgen. Dies erfordert eine Vermessung der Straße durch Aufzeichnung hochauflösender Lidar-Daten.

In einem erstem Schritt identifiziert die Methode alle OSM Wege anhand des OSM Attributs *highway*, welche eine befahrbare Strecke darstellen. Aufgrund der häufigen Darstellung einer Kreuzung in OSM in Form eines einzelnen OSM Punkts wird über zwei eingeführte OSM Attribute *autojunction* und *autojunction::step* eine Erzeugung entsprechender Kreuzungswege eingeleitet. Beide Attribute sind mit dem OSM Kreuzungspunkt verknüpft und werden in Abhängigkeit der Straßenkategorien gesetzt. Über das Attribut *autojunction* kann eine Generierung von Kreuzungswegen unterbunden werden und *autojunction::step* legt die Distanz fest, welche für die Ausbildung der Kreuzung entlang jeder eingehenden Strecke genutzt werden soll. Die erzeugten Kreuzungspfade in Form von OSM Wegen werden über das OSM Attribut *junction* als solche markiert.

Sind die Strecken an ihren Kreuzungspunkten entsprechend separiert, erfolgt die Konvertierung der einzelnen Strecken. Hierzu müssen die als Polygonzug dargestellten Strecken in eine krümmungsstetige Darstellung überführt werden. Wie in Kapitel 6.2.1 erläutert sollen hierfür die Gestaltungselemente der Gruppe der Klothoiden genutzt werden. In einem Vorbereitungsschritt werden die geographischen Koordinaten der OSM Punkte P_i des Polygonzugs Trk_k mit n_k Punkten auf ein kartesisches Koordinatensystem projiziert. Daneben erhält jeder Punkt Informationen zu seiner Streckenposition s und seiner möglichen Streckenorientierung ψ (siehe Gleichungen Gl. 6.1 und Gl. 6.3).

$$s_{k,i} = \begin{cases} 0 & i = 0 \\ s_{k,i-1} + |P_{k,i} - P_{k,i-1}| & \text{sonst} \end{cases} \qquad \text{Gl. 6.1}$$

$$\Delta P = \begin{cases} |P_{k,i+1} - P_{k,i}| & i = 0 \wedge \text{Trk}_{k-1} = \text{Kreuzungsweg} \\ |P_{k,i+1} - P_{k-1,n_{k-1}-1}| & i = 0 \\ |P_{k+1,1} - P_{k,i-1}| & i = n_k \wedge \text{Trk}_{k+1} = \text{Kreuzungsweg} \\ |P_{k+1,i} - P_{k,i-1}| & i = n_k \\ |P_{k,i+1} - P_{k,i-1}| & \text{sonst} \end{cases} \qquad \text{Gl. 6.2}$$

$$\psi_{k,i} = \arctan\left(\frac{\Delta P_y}{\Delta P_x}\right) \qquad \text{Gl. 6.3}$$

Anschließend wird jede einzelne Strecke konvertiert. Hierzu wird in einem ersten Schritt der Straßenverlauf in der xy-Ebene erstellt. Ziel der Konvertierung ist die Darstellung des Polygonzugs als eine Sequenz von Geraden, Kurven und Klothoiden unter folgenden Randbedingungen:

- G^2-Stetigkeit zwischen den Geometrieelementen, d.h. an den Kontaktpunkten müssen beide Elemente den selben Krümmungswert aufweisen.
- Der Startpunkt $P_{k,0}$ als auch der Endpunkt P_{k,n_k} müssen sowohl in ihrer Position als auch in ihrer Orientierung ψ 1 zu 1 abgebildet werden.
- Alle weiteren Punkte müssen sowohl bzgl. ihrer Position als auch ihrer Orientierung ψ innerhalb einer vorgegebenen Fehlergrenze ϵ liegen.
- Die Parameter der genutzten Geometrieelemente müssen innerhalb der vorgegebenen Richtlinien für die Gestaltung von Straßen liegen (siehe Tabellen A1.1, A1.2, A1.3 und A1.4).
- Neben den Richtlinien sollen die Grenzen der Bewegungsdarstellung für die immersive Darstellung der Quer- als auch der Längsbeschleunigung mittels Tilt Coordination auf Autobahnen und Landstraßen berücksichtigt werden (siehe Kapitel 4.3.3). Für die Querbeschleunigung wird nach Gleichung Gl. 4.4 unter Annahme einer maximalen Querneigung von 20° und somit 3,5 m/s^2 in Abhängigkeit der Geschwindigkeit v der zulässige Radiusbereich begrenzt bzw. die Geschwindigkeit reduziert. Auch der Anstieg der Krümmung der Klothoiden wird über deren Länge L und möglichen Klothoidenparameter A_K auf eine Darstellung mittels einer maximalen Drehrate (z.B. 3°/s) beschränkt. Abfolgen von Geschwindigkeitswechseln in Längsrichtung, welche die Distanz zur Darstellung über 3,5 m/s^2 unterschreiten, werden je nach Konfiguration als ungültig definiert oder über das Setzen von Verkehrszeichen zur Richtgeschwindigkeit berücksichtigt.

Der iterative Konvertierungsprozess startet bei dem Startpunkt $P_{k,0}$ als Referenzpunkt $P_{k,\text{ref}}$ und endet in dem Endpunkt P_{k,n_k}. In jedem Schritt wird eine geeignete Kombination von Geometrieelementen gesucht, welche den Punkt $P_{k,\text{ref}}$ mit einem vorausliegenden Punkt $P_{k,\text{ref}+i(\Delta s)}$ in der Distanz Δs verbindet unter Beachtung der oben genannten Randbedingungen (siehe Abbildung 6.3). Einzig die geforderte minimale Geradenlänge $L_{G,\text{min}}$ aus den Straßenbaurichtlinien wird bei angrenzenden Klothoiden gleicher Krümmungsrichtung nicht berücksichtigt bzw. als eine einzige Zwischenklothoide dargestellt. Eine Variation an möglichen Lösungen hinsichtlich der Geraden- und Kurvenlänge als auch der Streckenorientierung $\Psi_{k,\text{ref}+i(\Delta s)}$ wird überprüft. Entscheidungskriterium bei mehreren gefundenen Lösungen ist die Minimierung der Fehlergrenze bzgl. der Zwischenpunktpositionen. Falls keine Lösung gefunden werden kann, wird die Distanz Δs um die Distanz zum vorherigem Punkt $P_{k,\text{ref}+i(\Delta s)-1}$ reduziert. Ist eine Lösung gefunden, wird der Referenzpunkt $P_{k,\text{ref}}$ auf den aktuellen Punkt $P_{k,\text{ref}+i(\Delta s)}$ gesetzt und die Suche bis zum Erreichen des Endpunkts P_{k,n_k} fortgesetzt. Weitere Erläuterungen können [108] entnommen werden.

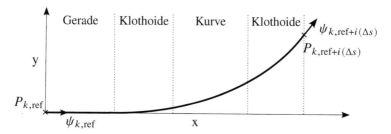

Abbildung 6.3: Kombination bzw. Sequenz von Geometrieelementen

Zur Überprüfung des resultierenden Streckenverlaufs wird der Krümmungsverlauf einer hochgenau vermessenen OpenDRIVE Strecke gegenübergestellt. Hierzu wird die vom BMVI bereitgestellte Karte der Autobahn A9 verwendet [34]. Abbildung 6.5 stellt die verschiedenen Krümmungsverläufe in Abhängigkeit der zulässigen Fehlergrenzen der Position dar. Der Verlauf entspricht dem mittels eines Rechtecks gekennzeichneten Bereich der Strecke in Abbildung 6.4. Unabhängig von der Fehlergrenze zeigen alle Verläufe einen mit der Straßenvermessung übereinstimmenden Verlauf. Abweichungen sind zum Teil zwischen Startpunkten der Krümmungsänderungen und der fehlenden Darstellung von Krümmungsschwankungen zu finden (siehe Abb. 6.5 im Bereich von $s = 5000$ m). Dies resultiert aus der Verarbeitung von unterschiedlichen Datenquellen und aus der großen Distanz der einzelnen Streckenpunkte, die bei ca. 75 m liegt. Aufgrund dessen fehlt zum einen die Information über die genaue Krümmungsverläufe innerhalb des OSM Datensatzes und zum anderen versucht der Methodenansatz derartig schwankende Verläufe durch Anwendung der Straßenbaurichtlinien zu minimieren. Mit Erhöhung der Fehlergrenze zeigt sich eine Abnahme der Anzahl an Krümmungsänderungen durch einen Wegfall der durch die Nichtbeachtung der minimalen Geradenlängen und des damit verbundenen

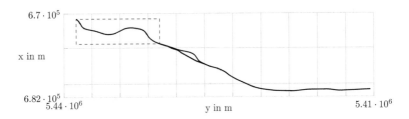

Abbildung 6.4: Übersicht über das Straßennetzwerk A9 Nord [34]

Einsatzes von Zwischenklothoiden entstandenen Krümmungsanpassungen. Ein Minimum wird bei 15 m erreicht. Eine weitere Erhöhung der Fehlergrenze führte zu keiner weiteren Reduktion der Krümmungsänderung, allerdings zu größeren Abweichungen zur ursprünglichen OSM Strecke.

Der Grund für das Optimum bei 15 m liegt in der Ungenauigkeit der GPS Position. Innerhalb des OSM Datensatzes sind keine Informationen über das eingesetzte Verfahren der Positionsbestimmung wie z.b. unter Verwendung von Differential Global Positioning System (DGPS) oder Real Time Kinematic (RTK) enthalten. Denn ohne Positionskorrekturen zeigen Aufzeichnungen an verschiedenen Orten in 95% der Fälle Schwankungen von bis zu 9,58 m und im Worst Case bis zu 17,89 m [57]. Neben dem Verfahren hat auch das eingesetzte GPS Gerät einen entscheidenden Einfluss auf die Positionsgüte. [187] zeigte den Unterschied zwischen der Verwendung eines Garmin eTrex und Apple iPhone. Hier erzielte das Garmingerät einen durchschnittlichen RMSE von 1,6 m, wohingegen das iPhone nur einen Wert von 9,0 m vorweist. Nach [169] liegen die Abweichungen bei einfachen Navigationsgeräte im Bereich von 10 m, erst durch Nutzung zweier Frequenzempfänger sind Abweichungen im Zentimeterbereich möglich. Um den Zusammenhang zwischen hoher Fehlergrenze aufgrund der GPS Güte zu prüfen wurde die Straßenvermessung in eine OSM Strecke überführt. Hierzu wurde die OpenDRIVE Strecke als Polygonzug dargestellt mit einem Punkteabstand von 75 m, welcher dem Mittelwert der OSM Strecke entspricht. Anschließend wurde der Konvertierungsprozess auf diese Strecke angewandt. Abbildung 6.6 zeigt das resultierende Krümmungsband. Es zeigt sich, dass ein ähnlicher Verlauf sogar mit einer Fehlergrenze von 1 m erzeugt werden konnte, mit Ausnahme der Verletzung der minimalen Geraden-

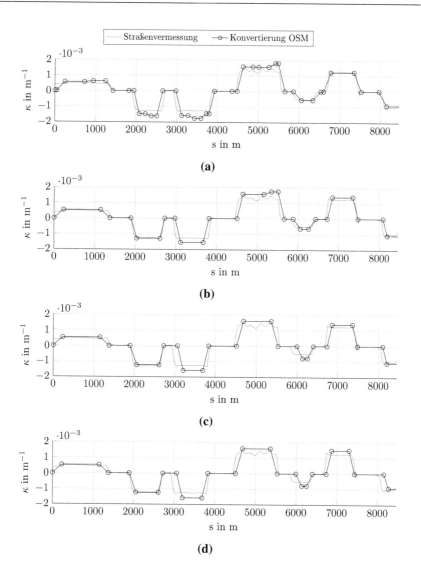

Abbildung 6.5: Gegenüberstellung der Krümmungsbänder der Straßenvermessung [34] und der generierten Strecken basierend auf OSM mit den Fehlergrenzen hinsichtlich der Position von (a) 5 m, (b) 10 m, (c) 15 m und (d) 20 m

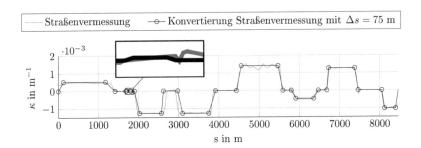

Abbildung 6.6: Gegenüberstellung der Krümmungsbänder der Straßenvermessung [34] und der generierten Strecken basierend auf der Konvertierung einer OSM Strecke erstellt auf Basis der Streckenvermessung mit einer Schrittweite von 75 m

und Kurvenlänge im Bereich von $s = 1800$ m. Dies bestätigt den Zusammenhang und bestätigt die Verwendungen einer Fehlergrenze im Bereich von 15 m.

Nach der Erstellung der Referenzlinie in der xy-Ebene erfolgt die Generierung des Höhen- und Querneigungsverlaufs. Für Beide werden ähnlich wie zuvor eine Orientierung basierend auf der Höhe (OSM Attribut *ele*) bzw. der Querneigung (OSM Attribut *across*) der benachbarten OSM Punkte berechnet. Die Streckenpositionen $s_{k,i}$ werden bzgl. der Referenzlinie angegeben. Aufgrund der meist nur sporadisch vorhandenen Höheninformation innerhalb des OSM Straßennetzwerks können Shuttle Radar Topography Mission (SRTM) Daten genutzt werden. SRTM Daten beinhalten ein Geländemodell der Erdoberfläche mit einer Auflösung von bis zu $1''$ (ca. 30x30 m) [59]. Für die Querneigung werden bei fehlender Definition die in den Richtlinien enthaltenen Mindestwerte (siehe Anhang A1.1) ergänzt. Wie zuvor wird der Polygonzug mittels eines iterativen Prozesses abgebildet. An Stelle von Kombinationen von Geometrieelementen werden nun kubische Polynome verwendet. Anschließend erfolgt die Erstellung des Straßenquerschnitts hinsichtlich Anzahl und Breiten der einzelnen Fahrspuren. In Abhängigkeit der Straßenkategorie (OSM Attribut *highway*) und einer eventuellen Angabe der Entwurfsklasse (OSM Attribut *road class*) wird ein Regelquerschnitt genutzt. Weitere Straßenobjekte wie Verkehrszeichen, Ampelanlagen, Leitpfosten usw. werden unter Berücksichtigung des Straßenquerschnitts platziert.

Sonderfälle: Kreisverkehr und Autobahnauf-/abfahrt

Bei der Konvertierung zu OpenDRIVE werden zwei Sonderformen des Straßennetzwerks separat behandelt: der Kreisverkehr und die Autobahnauf-/abfahrten bzw. Rampen. Aufgrund der hohen Anzahl an Kreuzungsbereichen innerhalb eines Kreisels und der sich ergebenden Kreuzungswege, welche in der Kreiselkrümmung enden, wird der Kreisverkehr gesondert betrachtet. Zur besseren Darstellung der Kreiselfahrbahn wird auf den Polygonzug der Kreiselfahrbahn eine 3-dimensionale Hough Transformation [98] zur Erkennung von Kreisen angewandt. Die Punkte des Polygonzugs werden anschließend auf den sich ergebenden Kreis projiziert und die Kreiselstrecke als Kreis in OpenDRIVE dargestellt. Für die Kreuzungswege wird die Kombination der Geometrieelemente dahingehend angepasst, d.h. als zusätzliche Bedingung wird für den Endpunkt P_{k,n_k} die Krümmung der Kreiselfahrbahn gefordert. Auch der Konvertierungsprozess für Autobahnauf-/abfahrten startet mit der Erstellung der angrenzenden Autobahnen. Anschließend wird die Referenzlinie der Aus-/Einfahrt auf die in Fahrtrichtung linke Fahrspurgrenze der ersten Ausfahrtspur gesetzt. Der hierfür notwendige Offset wird mit dem Faktor $1 - i/n_k$ auf den gesamten Polygonzug der Aus-/Einfahrt angewandt. Die Orientierung ψ am Kreuzungspunkt wird beibehalten. Die Maßnahme ist erforderlich, da sich ansonsten der Straßenquerschnitt in Abhängigkeit der Referenzlinie im Überlappungsbereich mit der Autobahn verändern müsste.

6.2.3 Streckengenerierung virtueller Strecken

Die Erstellung von virtuellen Strecken ist in Abhängigkeit der Anforderungen über mehrere Methoden möglich. Zur Abbildung von konkreten linearen Krümmungsverläufen wurde eine Matlab Toolbox geschaffen, welche die Verläufe in eine OpenDRIVE Darstellung mit Geraden, Kurven und Klothoiden überführt. Daneben können Höhen- und Neigungsverläufe, dargestellt über kubische Polynome, als auch Straßenquerschnitte in Form von Regelquerschnitten hinzugefügt werden.

Für die Erstellung von Straßenverläufen bzw. Straßenkreuzungen kann durch die Möglichkeit der Konvertierung (siehe Kapitel 6.2.2) eine Modellierung mit einem der zahlreichen OSM Werkzeuge wie JOSM erfolgen. Dabei können Straßennetzwerke neu aufgebaut werden, aber auch Vorgaben wie Straßen-, Höhen oder Querneigungsverläufe als Punktesequenz berücksichtigt werden.

6.3 Szenario

Die Beschreibung des Ablaufes und der Ereignisse innerhalb einer virtuellen Testfahrt ist über das Format OpenSCENARIO standardisiert. Der Standard erlaubt die Modellierung des Inhalts anhand eines XML-Schemas innerhalb der Version 1 und über eine domänenspezifische Sprache in der Version 2. Beide Versionen werden parallel weiterentwickelt und sollen zukünftig zusammengeführt werden. Folgende Erläuterungen beziehen sich auf die Version 1.2 [11].

Das XML-Schema erlaubt neben der Erstellung der eigentlichen Ereigniskette (Storyboard), die Definition von Katalogen und die Referenzierung des zugehörigen Straßennetzwerks. Inhalt der Kataloge ist die Menge an Fahrzeugen, Fußgängern, Objekten, Fahrmanövern usw., welche für die Gestaltung des Storyboards zur Verfügung stehen. Das Storyboard besteht aus einer Sequenz an Aktionen, welche über Trigger aktiviert bzw. gestoppt werden. Trigger sind als Gruppierung von Bedingungen realisiert. Bedingungen können für eine Vielzahl von Situationen wie z.B. die Objektposition oder deren Zustände definiert werden. Aktionen erlauben die Änderung des Simulationsverhaltens durch Anpassung des Verkehrsverhaltens oder der Umgebungsdarstellung. Daneben erlaubt die Definition, Verarbeitung und Auswertung von Parametern die Realisierung von Varianten.

Zur Umsetzung und somit Interpretation der OpenSCENARIO Inhalte wurde der OpenScenarioPlayer entwickelt. Der Player erlaubt das zyklische Parsen des XML-Baums. Die Verarbeitung der XML-Knoten erfolgt in Abhängigkeit verknüpfter Plugins, welche als dynamische Bibliotheken eingebunden werden. Es werden Plugins für Eingangs- und Ausgangsdaten unterschieden. Eingangsdaten-Plugins erlauben die Überprüfungen von Bedingungen und das Auslösen der Trigger innerhalb des Storyboards anhand ihrer empfangenen Daten. Hierzu beinhaltet das Plugin nicht nur einen Thread zum Empfang der Daten, sondern verknüpft die zugehörigen XML-Knoten mit der entsprechenden Überprüfungsfunktion. Zum Beispiel können über das Plugin für den RDB oder den ROBJ Datenstrom Bedingungen hinsichtlich der Objektpositionen überprüft werden. Ein anderes Plugin wie für die vROBJ Daten erweitert den Umfang um die Bedingungen hinsichtlich der Spurdistanzen der Objekte. Durch die Realisierung über Plugins kann der Player und somit OpenSCENARIO einfach hinsichtlich der Berücksichtigung aller verfügbaren Simulationsdaten erweitert werden. Zum Beispiel kann durch die Nutzung von Adasis das Storyboard um weitere nicht-standardisierte Bedingungen wie die Erstellung von Triggern basierend auf einem distanzabhängigem Krümmungswert erweitert werden. Das Auslösen bzw. Stoppen der mit der Bedingung verknüpften Aktionen erfolgt über fortlaufendes bzw. gestopptes Parsen der XML-Knoten der Aktion. Die Umsetzung der Aktion erfolgt über die Ausgangsdaten-Plugins. Hierbei können Aktionen entweder synchron zum Takt des Players abgearbeitet werden oder zyklisch im Takt des Plugins. Dies ist zum Beispiel bei Plugins mit einem zyklischem Datenstrom wie RDB erforderlich. Neben der in OpenSCENARIO enthaltenen Parameternutzung wird die Wertzuweisung über mathematische Ausdrücke erlaubt. Diese werden durch Nutzung des Parsers TinyExpr[2] realisiert. Der Parser wird hinsichtlich der Verarbeitung der OpenSCENARIO Parameter erweitert. Dabei wird der Parameter über dessen Namen einschließlich einem vor- und ggf. nachgestelltem $-Zeichen erkannt.

---

[2]Siehe Git-Repo `https://github.com/codeplea/tinyexpr`.

6.4 Dynamischer Szenarioablauf

Bei der Durchführung von virtuellen Testfahrten in Form von Probandenstudien ist die Nutzung variabler Sequenzen der Einzelszenarien erforderlich. Zum einen können nur darüber Ergebnisse bzw. Abhängigkeiten, welche auf der Reihenfolge der Szenarien basieren, vermieden werden. Zum anderen erfordern Szenarien ggf. eine Wiederholung bei Nichterreichen der Bedingungen in Folge eines nicht vorhersehbaren Verhaltens des Probanden. Über die OpenSCENARIO Parameter kann zwar über entsprechende Bedingungen eine Variation an Szenarien und somit auch der Sequenz erstellt werden, allerdings erlaubt dies keine Variation bzgl. der Streckengeometrie bzw. der Wiederholung eines Streckenabschnitts.

Um einen variablen Szenario- als auch Streckenablauf zu ermöglichen, wird jedes Szenario als einzelner eigenständiger Streckenabschnitt-/-kachel erstellt. Zur Gewährleistung flüssiger Übergänge zwischen den Kacheln werden an die ausgehenden Strecken der Kacheln standardisierte Kacheln positioniert. Zwischen Kacheln gleichen Standards kann aufgrund ihres gleichen Straßenlayouts und visueller Darstellung gewechselt werden. Der Sprung zwischen den Kacheln erfolgt ab einer ausreichenden Distanz von den Kachelrändern zur Vermeidung visueller Diskrepanzen. Der Sprung erfolgt mittels einer Koordinatentransformation, welche bei der Erstellung des Gesamtlayouts der Strecke exportiert wird. Über die Matrix an möglichen Sprungverbindungen kann ein Ablauf über eine Folge an Sprüngen festgelegt bzw. zur Laufzeit dynamisch angepasst werden.

7 Frameworkaufbau

Wie es schon die vorherigen Kapitel erkennen lassen, bedarf es einer flexiblen und erweiterbaren Struktur für das Framework, welche Module in Form von Bibliotheken und Codestrukturen bereitstellt. Diese bilden die Basis zur Realisierung neuer Funktionen, zum Aufbau einer Interprozesskommunikation zwischen diesen als auch deren modularer Nutzung passend zu den Umfängen des DiL Simulators. Hierzu beschäftigt sich das Unterkapitel 7.1 mit dem Nutzen und Einsatz der zur Verfügung stehenden Kommunikationsarten. Anschließend beschreibt das Kapitel 7.2 den grundlegenden Codeaufbau der modularen Simulationsmodule und deren Konfiguration und Bedienung.

7.1 Kommunikation

Aufgrund der Einbindung diverser Echtzeitplattformen bzw. der Limitierung der maximal möglichen Anzahl an Prozessoren (CPUs) und somit der Kerne innerhalb eines PC-Systems ist eine externe Interprozesskommunikation erforderlich. Der Einsatz eines RFM Netzwerks neben klassischen Ethernet Netzwerken am Stuttgarter Fahrsimulator soll hinsichtlich der Nutzung für die jeweiligen Kommunikationswege untersucht werden. Hierbei ist nicht nur die Bandbreite der Datenübertragung des Systems von Bedeutung, sondern auch die dabei erzielte Kommunikationslatenz. Die Latenz ist zum einen aufgrund der DiL Simulation möglichst gering zu halten aufgrund der ansonsten für den Menschen bemerkbaren Latenz innerhalb des geschlossenen Regelkreises. Zum anderen führt eine erhöhte Latenz bei Funktion realisiert als verteiltes System zu zusätzlichen Totzeiten. Dies beeinflusst das Funktionsverhalten aufgrund des veränderten Übertragungsverhaltens.

Zur Messung der Latenzen in Abhängigkeit der übertragenen Datenmenge wurde eine Punkt-zu-Punkt-Verbindung zwischen zwei Rechnersystemen aufgebaut, d.h. sowohl für das RFM Netzwerk als auch das Ethernet Netzwerk wurde der

© Der/die Autor(en), exklusiv lizenziert an
Springer Fachmedien Wiesbaden GmbH, ein Teil von Springer Nature 2024
M. Kehrer, *Driver-in-the-loop Framework zur optimierten Durchführung virtueller Testfahrten am Stuttgarter Fahrsimulator*, Wissenschaftliche Reihe Fahrzeugtechnik Universität Stuttgart,
https://doi.org/10.1007/978-3-658-43958-3_7

Einfluss der Nutzung eines Switches ausgeschlossen. Auf dem Zielrechner sorg-
te ein Thread mit der höchsten Priorität für die Rücksendung der eingehenden
Datenpakete. Auf dem Quellrechner erfolgte die Messung der Zeit zwischen
Aussenden und Eintreffen der Datenpakete. Neben diesen Datenpaketen fand
kein weiterer Datenverkehr statt.

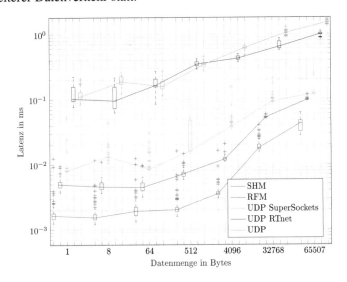

Abbildung 7.1: Kommunikationslatenzen in Abhängigkeit der übertragenen
Datenmenge

Abbildung 7.1 zeigt die erzielte Latenz in Abhängigkeit der Größe der Datenpakete. Für die Latenzmessungen des Ethernet Netzwerks wurde das UDP
Protokoll zur Datenübermittlung verwendet. Dabei wurde auch der Einfluss
einer Nutzung eines Standard Ethernet Treibers und eines RTnet Treibers [111]
untersucht. Unter Verwendung der RTnet Treiber konnte eine leicht geringere Latenz insbesondere ab einer Datenmenge von 4096 Bytes gegenüber den
Standard Treibern erzielt werden. Das RFM Netzwerk erreicht gegenüber dem
Ethernet Netzwerk deutlich geringere Latenzen. Im Bereich bis zu einer Datenmenge von 64 Bytes liegen diese im Median bei 4,5 µs, wohingegen das
Ethernet Netzwerk Latenzen im Median bei 140 µs erzeugt. Mit zunehmender
Datenmenge steigen die Latenzen auf bis zu 100 µs bei der Übertragung von
65507 Bytes. Die Latenzen des Ethernet Netzwerks liegen hier über 1000 µs.

Im Vergleich zu einer Kommunikation über SHM erzielt das RFM Netzwerk im Schnitt die dreifache Latenz.

Es zeigt sich, dass der Einsatz des RFM Netzwerks zur Erzielung geringer Latenzen zu bevorzugen ist. Allerdings sollte auch die darüber ausgetauschte Datenmenge zur Erzielung der niedrigen Latenzen auf einem Minimum gehalten werden. Daher wird das RFM Netzwerk primär für alle direkten Kommunikationswege innerhalb des geschlossenen DiL Regelkreis und für Datenkommunikationen mit einer hohen Taktfrequenz ab 1 kHz eingesetzt. Somit werden die vorgestellten Protokolle wie ROBJ, vROBJ oder Adasis, welche auf den Ausgangsdaten der Verkehrssimulation beruhen, mit einer Taktfrequenz von 60 bzw. 120 Hz, als Ethernet-Pakete bereitgestellt. Zur möglichen Einbindung von Anwendungen, welche nur einen Datenaustausch via Ethernet erlauben, können sogenannte SuperSockets genutzt werden. Supersockets erlauben die Erstellung und Übertragung von Ethernet Verbindungen über das RFM Netzwerk. Hierbei kommt es aufgrund des Overhead an Daten zu größeren Latenzen, allerdings liegen diese noch deutlich unter den Werten des Ethernet Netzwerks. Zur Minimierung der notwendigen Menge an Kommunikationsdaten soll bei einer möglichen Nutzung von SHM wie z.B. bei Kommunikation zwischen Fahrdynamik und Reifenkontaktberechnung darauf zurückgegriffen werden. Dies entlastet nicht nur das Netzwerk, sondern erlaubt zusätzlich niedrigere Latenzen.

7.2 Struktur Simulationsmodul

Grundlage jedes Simulationsmoduls bildet eine vorgegebene C++ Codestruktur. Hierbei werden Funktionen entweder als abstrakte Klassen oder in Form von Bibliotheken bereitgestellt. Über abstrakte Klassen werden Programmstrukturen wie die Realisierung von Threads unterstützt. Neben der Erstellung des Threads erlaubt die Klasse die einfache Konfiguration wie z.B. die zeitliche Ausführung, aperiodisch oder zyklisch, oder die Realisierung als Echtzeit oder Nicht-Echtzeit Thread. Der eigentliche Funktionscode kann durch Überschreibung virtueller Methoden hinzugefügt werden. Eine Sammlung von virtuellen Methoden erlaubt die Ausführung des verknüpften Funktioncodes in Abhängigkeit des zeitlichen Zyklus oder von Ereignissen. Zum Beispiel kann neben dem eigentlichen zyklisch oder aperiodisch abgearbeitetem Funktionscode eine Funktion zu Beginn bzw. zum Ende als auch beim Auftreten von Ereignissen, wie die Nichteinhaltung der Echtzeit, aufgerufen werden.

Neben den Bibliotheken für die bereits vorgestellten Simulationsmodule (siehe Kapitel 5.1, 4.2.3, 5.2 oder 5.3) existieren weitere Bibliotheken zur Anzeige von Live-Daten und zur Bedienung der Anwendung. Zur Datenanzeige wurde eine Bibliothek auf Basis von OpenGL geschaffen. Die Bibliothek erlaubt die Erstellung von Messreihen, die eine variable Anzahl von Messkanälen mit einer einstellbaren Ringspeichergröße aufnehmen können. Zur Laufzeit werden die Messreihen visuell als Momentanwerte oder als zeitlicher Verlauf dargestellt, wobei die Größe des Ringspeichers zusammen mit der Frequenz des Dateneingangs die zeitliche Länge der Datenvisualisierung vorgibt. Alternativ erlaubt eine weitere Bibliothek die webbasierte Darstellung durch Nutzung der Web Toolkit Bibliothek.

Neben der bereits erwähnten Web Toolkit Bibliothek, womit auch eine webbasierte Bedienung der Anwendung erfolgen kann, ist jedes Simulationsmodul mit einer Pipe-basierten Kommunikation ausgestattet. Denn auf jedem einzelnen Rechnersystem wird ein Interface-Modul als Service betrieben. Der Service erlaubt das Starten, Beenden und Konfigurieren der lokalen Simulationsmodule. Die Module können dabei lokal über eine HMI oder remote über das FCP bedient werden. Die lokale HMI setzt sich dynamisch aus den Konfigurationsmöglichkeiten der jeweiligen Simulationsmodulen bestehend aus Buttons, Eingabefeldern usw. zusammen. Hierzu existieren XML-Konfigurationen, welche die Eingabemöglichkeiten und die Informationen der umzusetzenden HMI Komponenten beinhalten. Das FCP basiert auf dem SCP mit einem eigenem XML Schema. Hierüber können Konfigurationen an die jeweiligen Simulationsmodule verteilt und diese gestartet werden. Daneben ist auch eine Bedienung zur Laufzeit möglich. Neben der Steuerung überwacht das Interface-Modul den Zustand der einzelnen Simulationsmodule. Darüber können Zustandsabweichungen wie nicht laufende Module oder Abstürze erkannt werden. Diese werden dem FCP Server gemeldet, welcher eine zentrale Bedienung und Konfiguration erlaubt. Über FCP können auch Inhalte im SCP übermittelt werden, welche der Server an den SCP Server weitergibt. Dadurch müssen Module, welche nur Ereignisse generieren, keine separate Verbindung zum SCP Server aufbauen. Daneben existieren noch weitere Bibliotheken wie die zentrale Ablage von Simulationsdaten in einer Zeitreihendatenbank (engl. Time Series Database) (TSDB). Konkret wird hier ein InfluxDB Server für die Sammlung der Daten genutzt aufgrund seiner Performancewerte im Vergleich zu anderen TSDBs (siehe [137]). Über Anwendungen wie Grafana [192] können diese grafisch dargestellt werden und eine Auswertung der Daten erfolgt direkt.

8 Zusammenfassung und Ausblick

Die vorliegende Arbeit zeigt die Erstellung und Optimierung eines Frameworks zur Durchführung von DiL Studien. Dabei standen die folgenden Anforderungen im Vordergrund:

- Immersion Mensch
- Einbindung diverser Fahrdynamiksimulationen und Fahrerassistenzsysteme
- Durchführung virtueller Testfahrten
- Erweiterbarkeit, Skalierbarkeit, Bedienbarkeit und Ausfallsicherheit

Die menschliche Immersion konnte basierend auf den Ergebnissen der menschlichen Wahrnehmungsgrenzen durch eine gezielte Darstellung und Stimulation der Sinne gesteigert werden. Dies zeigt sich in Abbildung 8.1. Es ist eine deutliche Abnahme an Versuchsabbrüchen begründet auf der Simulatorkrankheit zu erkennen. Dies konnte durch die Umsetzung der in Kapitel 4 beschriebenen Methoden erreicht werden.

Es zeigt sich jedoch auch, aus Abb. 8.1 ersichtlich, dass es durch die Hinzunahme der zahlreichen Simulationsmodule zu höheren Ausfällen aufgrund von Softwarefehlern kommt. Grund hierfür waren die vielen Funktionalitäten bzw. Einbindungen weiterer Echtzeitplattformen, die neu eingeführt wurden und somit noch nicht auf eine große Anzahl von Strecken angewandt wurden. Um diese Fehler zu reduzieren, wurde zum einen eine Sammlung von vorab zu testenden Strecken geschaffen, welche verschiedenste Arten von Streckenlogiken beinhalten, und zum anderen ein Dauerlauf zur Detektion von Ausfällen, welche auf langen Programmlaufzeiten wie Speicherlecks oder -überlauf beruhen, durchgeführt.

Über die Langzeittests erfolgt auch eine Überprüfung möglicher Problematiken aufgrund von nummerischen Fehlern bzw. Auflösung innerhalb einer virtuellen Testfahrt. Durch die Verwendung des dynamischen Szenarioablaufs aus Kapitel 6.4 ist zwar gewährleistet, dass keine großen Abmessungen des Straßennetzwerks notwendig sind, allerdings gilt dies nicht für interne Positionsdaten der

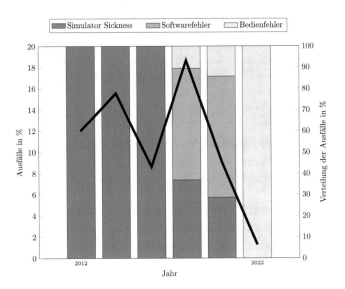

Abbildung 8.1: Anteil nicht verwertbarer virtueller Testfahrten

Fahrdynamiksimulation, welche kontinuierlich weiterlaufen. Beim Ausbleiben von einer absoluten Änderung des Gierwinkels können große Längskoordinaten von über 200 km erreicht werden. Aufgrund der exponentiellen Berechnung von Gleitkommazahlen aus Mantisse und Exponent nimmt die erreichbare Auflösung mit Erhöhung des Exponentenwerts ab. Es ergeben sich in der doppelten Genauigkeit (8 Bytes) eine Auflösung von $3 \cdot 10^{-11}$ m im Bereich von 200 km und im Vergleich dazu $5 \cdot 10^{-324}$ m am Nullpunkt. Dies lässt erkennen, dass mit der durchgehenden Vernetzung innerhalb des Frameworks und der Nutzung des OpenScenarioPlayers ein großes Potential geschaffen wurde zur Durchführung diverser Untersuchungen, allerdings müssen auch ggf. weitere Systemgrenzen berücksichtigt werden.

Der größte Fehleranteil in den letzten Jahren beruhte auf der Fehlbedienung des Simulators und somit des Frameworks. Fehlerquellen waren zum einen fehlerhafte Konfigurationen einzelner Simulationsmodule oder das Ausbleiben bzw. die Nichteinhaltung des vorgegebenen Szenarioablaufs. Durch Einführung einer Vernetzung der Module hinsichtlich ihrer Bedienung und Konfiguration über

FCP und den automatisierten Szenarioablauf (siehe Kapitel 6.4) konnte diese Fehlerquelle durch eine Entlastung des Bedieners deutlich reduziert werden.

Das in dieser Arbeit vorgestellte Framework ist nur eine Momentaufnahme. Das Framework wird kontinuierlich weiterentwickelt. Zum einen durch den Einsatz neuer Algorithmen innerhalb bestehender Methoden und zum anderen aufgrund der Integration leistungsfähiger Hardware. Zum Beispiel können anstelle des Sekantenverfahrens innerhalb der Reifenkontaktberechnung ein alternatives Verfahren wie das Pegasus-Verfahren [53] eingesetzt werden, welches eine höhere Effizienz und Konvergenz aufweist. Auch die Zusammensetzung der Kombination der Geometrieelemente bei der Überführung der OSM Streckendaten nach OpenDRIVE könnte um einen Optimierer und eine neu zu definierende Gütefunktion erweitert werden. Auch die Grenzen der menschlichen Sinneswahrnehmung aus Kapitel 2.1 bilden die Grundlage für die Auslegung neuer Anlagen zur visuellen, auditiven oder vestibulären Stimulation.

Fahrsimulatoren werden in Zukunft durch Optimierungen, wie sie in dieser Arbeit vorgestellt werden, eine immer größere Rolle spielen, da die gesteigerte Immersion hinsichtlich einer zunehmenden Menge an Verkehrsszenarien eine einfache und reproduzierbare Erzielung valider Ergebnisse erlaubt.

Literaturverzeichnis

[1] Satellite Modular Laser System – Curtin HIVE. Oct 2022. – Forschungs-bericht

[2] ABACO SYSTEMS: Reflective Memory. (2017)

[3] AGOSTINACCHIO, M. ; CIAMPA, Donato ; OLITA, Saverio: The vibrations in-duced by surface irregularities in road pavements – a Matlab® approach. In: *European Transport Research Review* 6 (2013), 09, S. 267–275

[4] ALTHOFF, Matthias ; URBAN, Stefan ; KOSCHI, Markus: Automatic Con-version of Road Networks from OpenDRIVE to Lanelets. In: *Proc. of the IEEE International Conference on Service Operations and Logistics, and Informatics*, 2018

[5] ANGERMEIER, Daniel u. a.: *V-Modell XT: Das deutsche Referenzmodell für Systementwicklungsprojekte (Version: 2.3)*. Verein zur Weiterent-wicklung des V-Modell XT e.V. (Weit e.V.), 2006

[6] APOLLO: Apollo 3.0 HDMAP OpenDRIVE Format. 2018 (2018.07.05). – Forschungsbericht

[7] ARPPE, David F. ; ZAMAN, Loutfouz ; PAZZI, Richard W. ; EL-KHATIB, Kha-lil: UniNet: A Mixed Reality Driving Simulator. In: LEVIN, David I. W. (Hrsg.) ; CHEVALIER, Fanny (Hrsg.) ; JACOBSON, Alec (Hrsg.): *Proceedings of the 45th Graphics Interface Conference 2020, Toronto, ON, Canada, May 28-29, 2020*, Canadian Human-Computer Communications Society, 2020, S. 37–55. – URL https://doi.org/10.20380/GI2020.06

[8] ASAM E.V.: *ASAM OpenDRIVE v1.6: Open Dynamic Road Information for Vehicle Environment.* 2020

[9] ASAM E.V.: *OpenCRG Version 1.2.0.* September 2020

[10] ASAM E.V.: *ASAM OpenDRIVE v1.7.* 2021

© Der/die Herausgeber bzw. der/die Autor(en), exklusiv lizenziert an
Springer Fachmedien Wiesbaden GmbH, ein Teil von Springer Nature 2024
M. Kehrer, *Driver-in-the-loop Framework zur optimierten Durchführung
virtueller Testfahrten am Stuttgarter Fahrsimulator*, Wissenschaftliche
Reihe Fahrzeugtechnik Universität Stuttgart,
https://doi.org/10.1007/978-3-658-43958-3

[11] ASAM E.V.: *ASAM OpenSCENARIO: User Guide Version 1.2.* Mai 2022

[12] BAATZ, H. ; RAAK, P. ; ORTUETA, D. de ; MIRSHAHI, A. ; SCHARIOTH, G.: Praktische Bedeutung der Flimmerfusionsfrequenz (CFF). In: *Der Ophthalmologe* 107 (2010), Aug, Nr. 8, S. 715–719. – URL https://doi.org/10.1007/s00347-010-2214-8. – ISSN 1433-0423

[13] BAEK, Iljoo: A survey on Reflective Memory Systems. In: *15th CISL Winter Workshop.* Kushu, Japan, Februar 2002

[14] BAIER, Reinhold: *Richtlinien für die Anlage von Stadtstraßen - RASt 06.* Forschungsgesellschaft für Straßen- und Verkehrswesen e.V., 2007. – ISBN 978-3-939715-21-4

[15] BAMMEL, Katja ; WEITERE ; BARNERT, Silvia (Hrsg.) ; WEITERE (Hrsg.): *Lexikon der Physik.* Heidelberg : Spektrum Akademischer Verlag, 2000

[16] BAUMANN, Gerd ; RIEMER, Thomas ; LIEDECKE, Christoph ; RUMBOLZ, Philip ; SCHMIDT, Andreas: How to build Europe's largest eight-axes motion simulator. In: *Driving Simulation Conference DSC*, 2012

[17] BAUMANN, Gerd ; RIEMER, Thomas ; LIEDECKE, Christoph ; RUMBOLZ, Philip ; SCHMIDT, Andreas ; PIEGSA, Anne: The New Driving Simulator of Stuttgart University. In: *12th International Stuttgart Symposium*, 2012

[18] BAUMANN, Gerd ; RUMBOLZ, Philipp ; REUSS, H.-C.: Virtuelle Fahrversuche im neuen Stuttgarter Fahrsimulator. In: *5. IAV-Tagung: Simulation und Test für die Automobilelektronik.* Berlin, 2012

[19] BAUN, Christian: *Interprozesskommunikation.* S. 205–290. In: *Betriebssysteme kompakt: Grundlagen, Hardware, Speicher, Daten und Dateien, Prozesse und Kommunikation, Virtualisierung.* Berlin, Heidelberg : Springer Berlin Heidelberg, 2022. – URL https://doi.org/10.1007/978-3-662-64718-9_9. – ISBN 978-3-662-64718-9

[20] BECKENBAUER, Thomas: Physik der Reifen-Fahrbahn-Geräusche. In: *4. Informationstage „Geräuschmindernde Fahrbahnbeläge inder Praxis – Lärmaktionsplanung 1./12.6.2008"*, 2008

[21] BECKER, Gernot: *Ein Fahrerassistenzsystem zur Vergrößerung der Reichweite von Elektrofahrzeugen.* 01 2016. – ISBN 978-3-658-14139-4

[22] BECKMANN, Norbert ; KRIEGEL, Hans-Peter ; SCHNEIDER, Ralf ; SEEGER, Bernhard: The R*-Tree: An Efficient and Robust Access Method for Points and Rectangles. In: GARCIA-MOLINA, Hector (Hrsg.) ; JAGADISH, H. V. (Hrsg.): *SIGMOD Conference*, ACM Press, 1990, S. 322–331. – URL http://dblp.uni-trier.de/db/conf/sigmod/sigmod90. html#BeckmannKSS90. – SIGMOD Record 19(2), June 1990

[23] BENDER, Philipp ; ZIEGLER, Julius ; STILLER, Christoph: Lanelets: Efficient map representation for autonomous driving. In: *2014 IEEE Intelligent Vehicles Symposium Proceedings*, 2014, S. 420–425

[24] BENSON, A. J. ; HUTT, Ethan ; BROWN, S F.: Thresholds for the perception of whole body angular movement about a vertical axis. In: *Aviation, space, and environmental medicine* 60 3 (1989), S. 205–13

[25] BENSON, A. J. ; SPENCER, Mick B. ; STOTT, J. R. R.: Thresholds for the detection of the direction of whole-body, linear movement in the horizontal plane. In: *Aviation, space, and environmental medicine* 57 11 (1986), S. 1088–96

[26] BERGER, Daniel ; PELKUM, Joerg schulte ; BÜLTHOFF, Heinrich: Simulating believable forward accelerations on a stewart motion platform. In: *ACM Transactions on Applied Perception, v.7, 1-27 (2010)* (2007), 01

[27] BERGLUND, Birgitta ; HASSMÉN, Peter ; JOB, raymond S.: Sources and effects of low-frequency noise. In: *The Journal of the Acoustical Society of America* 99 (1996), 06, S. 2985–3002

[28] BLAUERT, Jens ; BRAASCH, Jonas: *Räumliches Hören.* S. 1–26. In: WEINZIERL, Stefan (Hrsg.): *Handbuch der Audiotechnik.* Berlin, Heidelberg : Springer Berlin Heidelberg, 2020. – URL https://doi.org/10.1007/978-3-662-60357-4_6-1. – ISBN 978-3-662-60357-4

[29] BOLLING, Anne ; JANSSON, Jonas ; GENELL, Anders ; HJORT, Mattias ; LIDSTRÖM, Mats ; NORDMARK, Staffan ; PALMQVIST, Göran ; SEHAMMAR, Håkan ; SJÖGREN, Leif ; ÖGREN, Mikael: SHAKE - an approach for realistic simulation of rough roads in a moving base driving simulator. In: *Driving Simulation Conference Europe 2010*, Institut national de recherche sur les transports et leur securite, INRETS, 2010, S. 135–143. – URL http://urn.kb.se/resolve?urn=urn:nbn:se:vti:diva-222. – ISBN 978-2-85782-685-9

[30] BRINGOUX, Lionel ; NOUGIER, Vincent ; BARRAUD, Pierre-Alain ; MARIN, Ludovic ; RAPHEL, Christian: Contribution of Somesthetic Information to the Perception of Body Orientation in the Pitch Dimension. In: *The Quarterly journal of experimental psychology. A, Human experimental psychology* 56 (2003), 08, S. 909–23

[31] BRONER, N.: Low frequency and infrasonic noise in transportation. In: *Applied Acoustics* 11 (1978), Nr. 2, S. 129–146. – URL https://www.sciencedirect.com/science/article/pii/0003682X78900129. – ISSN 0003-682X

[32] BRYAN, M.E.: A tentative criterion for acceptable noise levels in passenger vehicles. In: *Journal of Sound and Vibration* 48 (1976), Nr. 4, S. 525–535. – URL https://www.sciencedirect.com/science/article/pii/0022460X7690554X. – ISSN 0022-460X

[33] BUNDESMINISTERIUM DER JUSTIZ: *Allgemeine Verwaltungsvorschrift zur Straßenverkehrs-Ordnung: (VwV-StVO) ; Verkehrsblatt-Dokument Nr. B 3404*. Verkehrsbl.-Verlag, 1999 (Verkehrsblatt-Dokumentation : Bereich: Verkehrsrecht). – URL https://books.google.de/books?id=wQIfHAAACAAJ

[34] BUNDESMINISTERIUM FÜR DIGITALES UND VERKEHR (BMDV): *OpenDrive Testfeld A9*. 2019. – URL http://data.europa.eu/88u/dataset/e74607f2-1f17-4574-b895-8f3319a24e81

[35] CARRIOT, Jerome ; JAMALI, Mohsen ; CHACRON, Maurice ; CULLEN, Kathleen: Statistics of the Vestibular Input Experienced during Natural Self-Motion: Implications for Neural Processing. In: *The Journal of*

neuroscience : the official journal of the Society for Neuroscience 34 (2014), 06, S. 8347–57

[36] CHAPRON, Thomas ; COLINOT, Jean P.: The New PSA Peugeot-Citroen Advanced Driving Simulator Overall Design and Motion Cue Algorithm, 2007

[37] CHATZIASTROS, Astros ; JUSTUS LIEBIG UNIVERSITY GIESSEN: *Visuelle Kontrolle der Lokomotion*, Dissertation, 2003. – URL https://jlupub. ub.uni-giessen.de//handle/jlupub/15935

[38] CHIANG, Kai-Wei ; PAI, Hao-Yu ; ZENG, Jhih-Cing ; TSAI, Meng-Lun ; EL-SHEIMY, Naser: Automated Modeling of Road Networks for High-Definition Maps in OpenDRIVE Format Using Mobile Mapping Measurements. In: *Geomatics* 2 (2022), Nr. 2, S. 221–235. – URL https://www.mdpi.com/2673-7418/2/2/13. – ISSN 2673-7418

[39] COAST, Steve: How OpenStreetMap Is Changing the World. In: TANAKA, Katsumi (Hrsg.) ; FRÖHLICH, Peter (Hrsg.) ; KIM, Kyoung-Sook (Hrsg.): *Web and Wireless Geographical Information Systems*. Berlin, Heidelberg : Springer Berlin Heidelberg, 2011, S. 4–4. – ISBN 978-3-642-19173-2

[40] CODURO, Theresa: Straßenraummodellierung mittels Mobile Mapping in OpenDRIVE und CityGML sowie Entwicklung geeigneter Visualisierungsmethoden, 2018

[41] COLDITZ, Johannes ; DRAGON, Ludger D. ; FAUL, Rudiger ; MELJNIKOV, Darko ; SCHILL, Volkhard ; ZEEB, Eberhard ; UNSELT, Thomas: Use of Driving Simulators within Car Development. (2007), Jan

[42] DEUTSCHLAND BUNDESMINISTERIUM FÜR VERKEHR, BAU- UND WOHNUNGSWESEN: *RiZ-ING: Richtzeichnungen für Ingenieurbauten*. Verkehrsblatt-Verlag, 2004 (Verkehrsblatt-Sammlung). – URL https://books. google.de/books?id=x2B0vgAACAAJ

[43] DOEL, K. Van den ; PAI, D. K.: Synthesis of Shape Dependent Sounds with Physical Modeling. In: *International Conference on Auditory Display* (1996), S. 175–181

[44] DOLGOV, Roman: NDS + ADASIS: Bringing maps tovehicle and driving functions. In: *1st NDS public conference*, Juni 2019

[45] DOLPHIN INTERCONNECT SOLUTIONS: White paper: PCI Express Reflective Memory/ Multicast. August 2017. – Forschungsbericht

[46] DOLPHIN INTERCONNECT SOLUTIONS: PCI Express High Speed Products. In: *Dolphin Interconnect Solutions 2019* (2019)

[47] DOSOVITSKIY, Alexey ; ROS, German ; CODEVILLA, Felipe ; LOPEZ, Antonio ; KOLTUN, Vladlen: CARLA: An Open Urban Driving Simulator. In: *Proceedings of the 1st Annual Conference on Robot Learning*, 2017, S. 1–16

[48] DUANE, A: Studies in monocular and binocular accommodation, with their clinical application. In: *Trans. Am. Ophthalmol. Soc.* 20 (1922), S. 132–157

[49] DUPUIS, H.: OpenDRIVE – An Open Standard for the Description of Roads in Driving Simulations. In: *Driving Simulation Conference DSC*, 2006

[50] EDGAR, Sepp: *Creating High-Definition Vector Maps forAutonomous Driving*, University of Tartu Institute of Computer Science, Diplomarbeit, 2021

[51] E.G., Walsh: Role of the vestibular apparatus in the perception of motion on a parallel swing. In: *The Journal of physiology*, 1961, S. 506–513

[52] ENGELN-MÜLLGES, Gisela ; NIEDERDRENK, Klaus ; WODICKA, Reinhard: *Interpolierende Polynom-Splines zur Konstruktion glatter Kurven*. Kap. 10, S. 387–468. In: *Numerik-Algorithmen: Verfahren, Beispiele, Anwendungen*. Berlin, Heidelberg : Springer Berlin Heidelberg, 2011. – URL https://doi.org/10.1007/978-3-642-13473-9_10. – ISBN 978-3-642-13473-9

[53] ENGELN-MÜLLGES, Gisela ; NIEDERDRENK, Klaus ; WODICKA, Reinhard: *Numerische Verfahren zur Lösung nichtlinearer Gleichungen*. Kap. 2, S. 27–90. In: *Numerik-Algorithmen: Verfahren, Beispiele, Anwendungen*.

Berlin, Heidelberg : Springer Berlin Heidelberg, 2011. – URL https:
//doi.org/10.1007/978-3-642-13473-9_2. – ISBN 978-3-642-
13473-9

[54] EOTA: Guideline For European Technical Approval Of Expansion
Joints For Road Bridges Part 1: General / Europäische Organisation für
Technische Zulassungen. Kunstlaan 40 Avenue des Arts, Belgien - 1040
Brüssel, 2013 (32). – Forschungsbericht

[55] ERLER, Philipp: *Untersuchung von vorausschauenden Motion-Cueing-
Algorithmen in einem neuartigen längsdynamischen Fahrsimulator.*
Darmstadt : Shaker, 2020 (Forschungsberichte Mechatronische Systeme
im Maschinenbau). – XIII, 165 Seiten S. – URL http://tuprints.
ulb.tu-darmstadt.de/11838/. – ISBN 978-3-8440-6918-1

[56] EYSEL, Ulf: *Sehen und Augenbewegungen.* Kap. 10, S. 377–420.
In: SCHMIDT, Robert F. (Hrsg.) ; LANG, Florian (Hrsg.): *Physiologie
des Menschen: mit Pathophysiologie.* Berlin, Heidelberg : Springer Berlin Heidelberg, 2007. – URL https://doi.org/10.1007/
978-3-540-32910-7_18. – ISBN 978-3-540-32910-7

[57] FAA WILLIAM J. HUGHES TECHNICAL CENTER: Global Positioning System
Standard Positioning Service Performance Analysis Report / Federal
Aviation Administration. Atlantic City International Airport, NJ 08405,
Januar 2023 (120). – Forschungsbericht

[58] FARIN, Gerald: Curvature combs and curvature plots. In: *Computer-Aided
Design* 80 (2016), S. 6–8. – URL https://www.sciencedirect.
com/science/article/pii/S0010448516300914. – ISSN 0010-
4485

[59] FARR, Tom ; ROSEN, Paul ; CARO, Edward ; CRIPPEN, Robert ; DUREN,
Riley ; HENSLEY, Scott ; KOBRICK, Michael ; PALLER, Mimi ; RODRIGUEZ,
Ernesto ; ROTH, Ladislav ; SEAL, David ; SHAFFER, Scott ; SHIMADA, Joanne ;
UMLAND, Jeffrey ; WERNER, Marian ; OSKIN, Michael ; BURBANK, Douglas ;
ALSDORF, Douglas: The Shuttle Radar Topography Mission. In: *Rev.
Geophys.* 45 (2007), 06

[60] FERRY, E. S.: Persistence of vision. In: *American Journal of Science*
      s3-44 (1892), 9, Nr. 261, S. 192–207

[61] FISCHER, Martin: Motion-Cueing-Algorithmen für eine realitätsnahe
      Bewegungssimulation. In: *Berichte aus dem DLR-Institut für Verkehrs-
      systemtechnik* 5 (2009), 09

[62] FISHER, Donald ; RIZZO, Matthew ; CAIRD, Jeff ; LEE, John: *Handbook of
      driving simulation for engineering, medicine, and psychology*. 01 2011.
      – 1–752 S

[63] FORBES, Patrick ; SIEGMUND, Gunter ; SCHOUTEN, Alfred: Task, muscle
      and frequency dependent vestibular control of posture. In: *Frontiers in
      integrative neuroscience* 8 (2015), 01, S. 94

[64] FORSCHUNGSGESELLSCHAFT FÜR STRASSEN- UND VERKEHRSWESEN: *Richtlinien
      für die Ausstattung und den Betrieb von Straßentunneln: RABT*. FGSV-
      Verlag, 2006 (FGSV). – URL https://books.google.de/books?
      id=GD1wMgAACAAJ. – ISBN 9783937356877

[65] FORSCHUNGSGESELLSCHAFT FÜR STRASSEN- UND VERKEHRSWESEN ARBEITS-
      AUSSCHUSS AUTOBAHNEN: *Richtlinien für die Anlage von Autobahnen: RAA
      ; R1*. FGSV-Verlag, 2008 (FGSV (Series)). – URL https://books.
      google.de/books?id=pdztPgAACAAJ. – ISBN 9783939715511

[66] FORSCHUNGSGESELLSCHAFT FÜR STRASSEN- UND VERKEHRSWESEN ARBEITS-
      KREIS GEOMETRIE VON MARKIERUNGEN: *Richtlinien für die Markierung von
      Straßen: RMS*. Verkehrsblatt-Verlag (Verkehrsblatt-Dokument). – URL
      https://books.google.de/books?id=eZtzzQEACAAJ

[67] FORSCHUNGSGESELLSCHAFT FÜR STRASSEN- UND VERKEHRSWESEN ARBEITS-
      KREIS GESTALTUNG NEUER STRASSEN: *Richtlinien für die Anlage von
      Landstraßen: RAL ; R1*. FGSV-Verlag, 2013 (FGSV). – URL
      https://books.google.de/books?id=AXUVngEACAAJ. – ISBN
      9783864460395

[68] FREY, Alexander: Statischer und dynamischer Fahrsimulator im Ver-
      gleich - Wahrnehmung von Abstand und Geschwindigkeit / Bundesan-
      stalt für Straßenwesen. 2016 (F 115). – Forschungsbericht

[69] GEGENFURTNER, K. R. ; WALTER, S. ; BRAUN, D. I.: *Bild, Medien, Wissen: Visuelle Informationsverarbeitung im Gehirn. Kap.* Visuelle Kompetenz im Medienzeitalter, Kopaed Verlag, 2002

[70] GEIER, Matthias ; AHRENS, Jens ; SPORS, Sascha: The SoundScape Renderer: A unified spatial audio reproduction framework for arbitrary rendering methods. (2012), 01

[71] GEIER, Matthias ; SPORS, Sascha: Spatial Audio with the SoundScape Renderer, 2012

[72] GEORUST: *rstar*. https://github.com/georust/rstar. 2013

[73] GERBINO, Fabio S. ; FARRONI, Flavio, 2020

[74] GERLACH, J. ; VERKEHRSWESEN ARBEITSGRUPPE VERKEHRSPLANUNG, Forschungsgesellschaft für Straßen-und: *Richtlinien für integrierte Netzgestaltung: RIN*. FGSV, 2008 (FGSV R1 - Regelwerke). – URL https://books.google.de/books?id=EVr8PgAACAAJ. – ISBN 9783939715795

[75] GIANNA, Claire C. ; HEIMBRAND, S. ; GRESTY, Michael A.: Thresholds for detection of motion direction during passive lateral whole-body acceleration in normal subjects and patients with bilateral loss of labyrinthine function. In: *Brain Research Bulletin* 40 (1996), S. 443–447

[76] GIANNA, Claire C. ; HEIMBRAND, Severin ; NAKAMURA, Tadashi ; GRESTY, Michael A.: Thresholds for Perception of Lateral Motion in Normal Subjects and Patients with Bilateral Loss of Vestibular Function. In: *Acta Oto-Laryngologica* 115 (1995), Nr. sup520, S. 343–346. – URL https://doi.org/10.3109/00016489509125266

[77] GIPSER, Michael ; BAUMANN, Mario: FTire on the Driving Simulator. In: *VI-GRADE Users Conference*. Milano, Italien, Mai 2018. – URL https://www.cosin.eu/wp-content/uploads/VI-grade_2018.pdf

[78] GOLDBERG, Jay ; WILSON, Victor ; CULLEN, Kathleen ; ANGELAKI, Dora ; BROUSSARD, Dianne ; BUTTNER-ENNEVER, Jean ; FUKUSHIMA, Kikuro ; MINOR, Lloyd: The Vestibular System: A Sixth Sense. (2012), 03.

– URL https://doi.org/10.1093/acprof:oso/9780195167085. 001.0001. ISBN 9780195167085

[79] GRABHERR, Fred: Vestibular thresholds for yaw rotation about an earth-vertical axis as a function of frequency. In: *Experimental Brain Research* (2008), Nr. 186, S. 677–681

[80] GRANIT, Ragnar ; HARPER, Phyllis: COMPARATIVE STUDIES ON THE PERIPHERAL AND CENTRAL RETINA. In: *American Journal of Physiology-Legacy Content* 95 (1930), Nr. 1, S. 211–228. – URL https://doi.org/10.1152/ajplegacy.1930.95.1.211

[81] GROEN, Eric ; BLES, Willem: How to use body tilt for the simulation of linear self motion. In: *Journal of vestibular research : equilibrium & orientation* 14 (2004), 02, S. 375–85

[82] GROEN, Eric L. ; VALENTI, Mario S. V. ; CLARI ; HOSMAN, Ruud: PSYCHO-PHYSICAL THRESHOLDS ASSOCIATED WITH THE SIMULATI-ON OF LINEAR ACCELERATION, 2000

[83] GROEN, J. J. ; JONGKEES, L. B.: The threshold of angular acceleration perception. In: *The Journal of physiology* (1948), Nr. 107(1), S. 1–7

[84] GROSS, Herbert ; BLECHINGER, Fritz ; ACHTNER, Bertram: *Human Eye*. Kap. 36, S. 1–87. In: *Handbook of Optical Systems*, 2008. – ISBN 9783527699247

[85] GRÄSSLER, Iris ; BRUCKMANN, Tobias ; DATTNER, Michael ; EHL, Thomas ; HAWLAS, Martin ; HENTZE, Julian ; HESSE, Philipp ; TERMÜHLEN, Chri-stoph ; LACHMAYER, Roland ; KNÖCHELMANN, Marvin ; MOCK, Randolf ; MOZGOVA, I. ; PREUSS, Daniel ; SCHNEIDER, Maximilian ; STOLLT, Guido ; THIELE, Henrik ; WIECHEL, Dominik: *VDI/VDE 2206: Entwicklung me-chatronischer und cyber-physischer Systeme - Inhaltsverzeichnis*. 11 2021

[86] GUNDRY, A. J.: Thresholds of perception for periodic linear motion. In: *Aviation, space, and environmental medicine* 49 5 (1978), S. 679–86

[87] HAKLAY, Mordechai ; WEBER, Patrick: OpenStreetMap: User-Generated Street Maps. In: *IEEE Pervasive Computing* 7 (2008), Nr. 4, S. 12–18

[88] HARBRECHT, Helmut ; MULTERER, Michael: *Polynominterpolation*. S. 325–342. In: *Algorithmische Mathematik: Graphen, Numerik und Probabilistik*. Berlin, Heidelberg : Springer Berlin Heidelberg, 2022. – URL https://doi.org/10.1007/978-3-642-41952-2_17. – ISBN 978-3-642-41952-2

[89] HARBRECHT, Helmut ; MULTERER, Michael: *Splines*. S. 359–375. In: *Algorithmische Mathematik: Graphen, Numerik und Probabilistik*. Berlin, Heidelberg : Springer Berlin Heidelberg, 2022. – URL https://doi.org/10.1007/978-3-642-41952-2_19. – ISBN 978-3-642-41952-2

[90] HEIMSATH, Christoph ; KRANTZ, Werner ; NEUBECK, Jens ; HOLZAPFEL, Christian ; WAGNER, Andreas: Comfort Assessment for Highly Automated Driving Functions at the Stuttgart Driving Simulator. In: BARGENDE, Michael (Hrsg.) ; REUSS, Hans-Christian (Hrsg.) ; WAGNER, Andreas (Hrsg.): *21. Internationales Stuttgarter Symposium*. Wiesbaden : Springer Fachmedien Wiesbaden, 2021, S. 368–379. – ISBN 978-3-658-33466-6

[91] HEITBRINK, D. A. ; CABLE, S.: Design of a Driving Simulation Sound Engine. In: *North America-Simulation Driving Conference* (2007)

[92] HELD, Richard ; DICHGANS, Johannes ; BAUER, Joseph: Characteristics of moving visual scenes influencing spatial orientation. In: *Vision Research* 15 (1975), Nr. 3, S. 357–IN1. – URL https://www.sciencedirect.com/science/article/pii/0042698975900838. – ISSN 0042-6989

[93] HENTSCHEL, H.J.: *Licht und Beleuchtung: Theorie und Praxis der Lichttechnik*. Hüthig, 1994. – URL https://books.google.de/books?id=pUYJIQAACAAJ. – ISBN 9783778521847

[94] HETTINGER, Lawrence J. ; RICCIO, Gary E.: Visually Induced Motion Sickness in Virtual Environments. In: *Presence: Teleoperators and*

Virtual Environments 1 (1992), 08, Nr. 3, S. 306–310. – URL https://doi.org/10.1162/pres.1992.1.3.306

[95] HIGAKI, Tomohiro ; AHUJA, Krishan ; FUNK, Robert: Dissection of Automobile Interior Noise Spectrum with Emphasis on the Infrasound Region, 05 2005. – ISBN 978-1-62410-052-9

[96] HOLZAPFEL, Christian ; KEHRER, Martin ; JANEBA, Anton ; MIUNSKE, Tobias ; REUSS, H.-C.: A simplified semi-physical model for real-time NVH and sound simulation of electric vehicles. In: *Driving Simulation & Virtual Reality Conference Europe*. Straßburg, Frankreich, 2019

[97] HOSMAN, Ruud ; VAART, J. Van D.: Vestibular models and thresholds of motion perception. Results of tests in a flight simulator, 1978

[98] HOUGH, P V.: METHOD AND MEANS FOR RECOGNIZING COMPLEX PATTERNS. (1962), 12

[99] HUANG, Shiqing ; WU, Haidong ; GUO, Konghui ; LU, Dang ; LU, Lei: An in-plane dynamic tire model with real-time simulation capability. In: *Proceedings of the Institution of Mechanical Engineers, Part D: Journal of Automobile Engineering* 0 (2022), Juni, Nr. 0, S. 09544070221097859. – URL https://doi.org/10.1177/09544070221097859

[100] HUECK, A.: Von den Grenzen des Sehvermógens. In: *Archiv für Anatomie, Physiologie und wissenschaftliche Medicin* (1840), S. 82–97

[101] INTERNATIONAL STANDARDIZATION ORGANIZATION: *ISO 8608:2016: Mechanical vibration - Road surface profiles - Reporting of measured data*. November 2016

[102] IPG AUTOMOTIVE GMBH: *IPGRoad: InfoFile Description Version 11.0.1*

[103] ISO/TC 22/SC 32: *ISO 26262-4:2018: Road vehicles-Functional safety-Part 4: Product development at the system level*. ISO, Geneva, Switzerland, 2018 (ISO 26262)

[104] ISO/TC 22/SC 32: *ISO 26262-4:2018: Road vehicles-Functional safety-Part 6: Product development at the software level*. ISO, Geneva, Switzerland, 2018 (ISO 26262)

[105] ISO/TC 22/SC 32: *ISO 26262-5:2018: Road vehicles-Functional safety-Part 5: Product development at the hardware level*. ISO, Geneva, Switzerland, 2018 (ISO 26262)

[106] KADDOUR, Aleksandra: *Normale Entwicklung des Visus bei gesunden Probanden - Eine longitudinale Studie*, Universität Ulm, Dissertation, 2016. – URL https://oparu.uni-ulm.de/xmlui/handle/123456789/3736

[107] KEHRER, Martin ; BAUMANN, Gerd ; REUSS, H.-C.: A framework for designing and performing of virtual test drives concerning autonomous driving. In: *31st International Electric Vehicle Symposium & Exhibition*. Kobe, Japan, 2018

[108] KEHRER, Martin ; BAUMANN, Gerd ; REUSS, H.C.: Virtual Test Drive Framework: Real World to Virtual Road Network. In: *5th International Electric Vehicle Technology Conference*, 2021

[109] KEHRER, Martin ; JANEBA, Anton ; BAUMANN, Gerd ; REUSS, H.-C.: Design and implementation of a realistic carsound simulation. In: *Driving Simulation & Virtual Reality Conference Europe*, 2017

[110] KINGMA, Herman: Thresholds for perception of direction of linear acceleration as a possible evaluation of the otolith function. In: *BMC ear, nose, and throat disorders* 5 (2005), 07, S. 5

[111] KISZKA, J. ; WAGNER, B.: RTnet - a flexible hard real-time networking framework. In: *2005 IEEE Conference on Emerging Technologies and Factory Automation* Bd. 1, 2005, S. 8 pp.–456

[112] KNABE, Emil: *Environment Simulator Minimalistic (esmini)*. – URL https://github.com/esmini. – visted on 2023-03-05

[113] KNAPP, Joshua M. ; LOOMIS, Jack M.: Limited Field of View of Head-Mounted Displays Is Not the Cause of Distance Underestimation in Virtual Environments. In: *Presence* 13 (2004), Nr. 5, S. 572–577

[114] KOLFF, Maurice ; VENROOIJ, Joost ; SCHWIENBACHER, Markus ; POOL, Daan M. ; MULDER, Max: Motion Cueing Quality Comparison of Driving

Simulators using Oracle Motion Cueing. In: KEMENY, Andras (Hrsg.) ;
CHARDONNET, Jean-Rémy (Hrsg.) ; COLOMBET, Florent (Hrsg.): *Procee-
dings of the Driving Simulation Conference 2022 Europe VR.* Strasbourg,
France, 2022, S. 111–118

[115] KRISHNAN, Karthik: *Open Standards in Autonomous Driving Simulation.*
Januar 2019. – URL https://simulatemore.mscsoftware.com/
open-standards-in-autonomous-driving-simulation/

[116] KRÜGER, Louis: *Veröffentlichung des Königlich Preuszischen Geodäti-
schen Instituts : Neue Folge. Bd. 52: Konforme Abbildung des Erdel-
lipsoids in der Ebene.* Leipzig : Teubner, 1912. – 181 S. – URL
urn:nbn:de:kobv:b103-krueger28

[117] KUIJPERS, Ard ; BLOKLAND, Gijsjan: Tyre/road noise models in the last
two decades: a critical evaluation. (2001), 08

[118] KURTEANU, Dmitri ; KURTEAN, Egor: *Open-source road generation and
editing software.* Göteborg, Swede, Chalmers University of Technology, University of Gothenburg, Department of Computer Science and
Engineering, mathesis, Juni 2010

[119] LAMBERT, Anselm ; PETERS, Uwe: *Straßen sind keine Splines.* 2005

[120] LAND, Michael ; HORWOOD, Julia: Which parts of the road guide steering?
In: *Nature* 377 (1995), Sep, Nr. 6547, S. 339–340. – URL https:
//doi.org/10.1038/377339a0. – ISSN 1476-4687

[121] LANDSTRÖM, Ulf: HUMAN EFFECTS OF INFRASOUND. In: *29.
inter.noise,*, 2014

[122] LETZ, Stephane ; FOBER, Dominique ; ORLAREY, Yann: Jack audio server
for multi-processor machines. (2005), 01

[123] LEUTE, U.: *Optik für Medientechniker: optische Grundlagen der Me-
dientechnik : mit 32 Übungsaufgaben.* Fachbuchverl. Leipzig im Carl-
Hanser-Verlag, 2011. – URL https://books.google.de/books?
id=5RDJSAAACAAJ. – ISBN 9783446423848

[124] LEVIEN, Raphael L.: *From Spiral to Spline: Optimal Techniques in Interactive Curve Design*, EECS Department, University of California, Berkeley, Dissertation, Dec 2009. – URL http://www2.eecs.berkeley.edu/Pubs/TechRpts/2009/EECS-2009-162.html

[125] LUDWIG, Jürgen: Elektronischer Horizont für vorausschauende Kartendaten. In: *ATZelektronik* 9 (2014), S. 24 – 27

[126] MACNEILAGE, Paul ; TURNER, Amanda ; ANGELAKI, Dora: Canal-Otolith Interactions and Detection Thresholds of Linear and Angular Components During Curved-Path Self-Motion. In: *Journal of neurophysiology* 104 (2010), 08, S. 765–73

[127] MAI, M.: *Fahrerverhaltensmodellierung für die prospektive, stochastische Wirksamkeitsbewertung von Fahrerassistenzsystemen der Aktiven Fahrzeugsicherheit*. Cuvillier Verlag, 2017 (Schriftenreihe des Lehrstuhls Kraftfahrzeugtechnik). – URL https://books.google.de/books?id=EfL-DwAAQBAJ. – ISBN 9783736985483

[128] MARDIROSSIAN, Vartan ; KARMALI, Faisal ; MERFELD, Daniel: Thresholds for Human Perception of Roll Tilt Motion: Patterns of Variability Based on Visual, Vestibular, and Mixed Cues. In: *Otology & neurotology : official publication of the American Otological Society, American Neurotology Society [and] European Academy of Otology and Neurotology* 35 (2014), 03

[129] MATHUR, Ankit ; GEHRMANN, Julia ; ATCHISON, David A.: Pupil shape as viewed along the horizontal visual field. In: *Journal of Vision* 13 (2013), 05, Nr. 6, S. 3–3. – URL https://doi.org/10.1167/13.6.3. – ISSN 1534-7362

[130] MCCARTNEY, James: Continued Evolution of the SuperCollider Real Time Synthesis Environment. In: *Proceedings of the 1998 International Computer Music Conference, ICMC 1998, Ann Arbor, Michigan, USA, October 1-6, 1998*, Michigan Publishing, 1998. – URL https://hdl.handle.net/2027/spo.bbp2372.1998.262

[131] MENKE, Stephen ; MOIR, Mark ; RAMAMURTHY, Srikanth: Synchronization mechanisms for SCRAMNet+ systems. (1998), 07

[132] MEYER-RÜSENBERG, Hans H.: *Flimmerverschmelzungsfrequenz bei Normalpersonen, AMD und Optikopathien.* Göttingen, Georg-August Universität, phdthesis, 2007

[133] MITTELSTAEDT, Horst: A new solution to the problem of the subjective vertical. In: *Naturwissenschaften* (1983), Nr. 70, S. 272–281

[134] MIUNSKE, Tobias: *Einleitung und Motivation.* Wiesbaden : Springer Fachmedien Wiesbaden, 2020. – URL https://doi.org/10.1007/978-3-658-30470-6_1. – ISBN 978-3-658-30470-6

[135] MONTENBRUCK, Oliver: *Koordinatensysteme.* S. 1–40. In: *Grundlagen der Ephemeridenrechnung.* Heidelberg : Spektrum Akademischer Verlag, 2005. – URL https://doi.org/10.1007/978-3-8274-2292-7_1. – ISBN 978-3-8274-2292-7

[136] NAHON, Meyer A. ; REID, Lloyd D.: Simulator motion-drive algorithms - A designer's perspective. In: *Journal of Guidance Control Dynamics* 13 (1990), März, Nr. 2, S. 356–362

[137] NAQVI, S. ; YFANTIDOU, S.: *Time Series Databasesand InfluxDB,* Université libre de Bruxelles, Diplomarbeit, 2017

[138] NEGELE, Hans-Jürgen: Anwendungsgerechte Konzipierung von Fahrsimulatoren für die Fahrzeugentwicklung, 2007

[139] NESTI, A. ; MASONE, C. ; BARNETT-COWAN, M. ; ROBUFFO GIORDANO, P. ; BÜLTHOFF, H. H. ; PRETTO, P.: Roll rate thresholds and perceived realism in driving simulation. In: *Proceedings of the Driving Simulation Conference.* Paris, 2021

[140] NOOIJ, Suzanne ; BÜLTHOFF, Heinrich ; PRETTO, Paolo: Sensitivity to lateral force is affected by concurrent yaw rotation during curve driving, 09 2015

[141] O'BRIEN, C. ; GATCHALIAN, C. M.: Synthesizing Sounds from Physically Based Motion. In: *ACM SIGGRAPH* (2002), S. 175–181

[142] OPENSTREETMAP CONTRIBUTORS: *Planet dump retrieved from htt-ps://planet.osm.org* . https://www.openstreetmap.org. 2017

[143] PAPPIS, Costas P. ; SIETTOS, Constantinos I. ; DASAKLIS, Thomas K.: *Fuzzy Sets, Systems, and Applications.* S. 609–620. In: GASS, Saul I. (Hrsg.) ; FU, Michael C. (Hrsg.): *Encyclopedia of Operations Research and Management Science.* Boston, MA : Springer US, 2013. – URL https://doi.org/10.1007/978-1-4419-1153-7_370. – ISBN 978-1-4419-1153-7

[144] PARDUZ, Arben: *Bewertung der Validität von Fahrsimulatoren anhand vibro-akustischer Fahrzeugschwingungen*, TU Berlin, Dissertation, 2021

[145] PARK, Changwoo ; CHUNG, Seunghwan ; LEE, Hyeongcheol: Vehicle-in-the-Loop in Global Coordinates for Advanced Driver Assistance System. In: *Applied Sciences* 10 (2020), Nr. 8. – URL https://www.mdpi.com/2076-3417/10/8/2645. – ISSN 2076-3417

[146] PERLIN, Ken: An Image Synthesizer. In: *SIGGRAPH Comput. Graph.* 19 (1985), jul, Nr. 3, S. 287–296. – URL https://doi.org/10.1145/325165.325247. – ISSN 0097-8930

[147] PITZ, Jürgen-Oliver.: *Vorausschauender Motion-Cueing-Algorithmus für den Stuttgarter Fahrsimulator.* 1st ed. 2017. Wiesbaden : Springer Fachmedien Wiesbaden, 2017 (Wissenschaftliche Reihe Fahrzeugtechnik Universität Stuttgart). – ISBN 3-658-17033-6

[148] POGGENHANS, Fabian ; PAULS, Jan-Hendrik ; JANOSOVITS, Johannes ; ORF, Stefan ; NAUMANN, Maximilian ; KUHNT, Florian ; MAYR, Matthias: Lanelet2: A High-Definition Map Framework for the Future of Automated Driving. In: *Proc. IEEE Intell. Trans. Syst. Conf.* Hawaii, USA, November 2018. – URL http://www.mrt.kit.edu/z/publ/download/2018/Poggenhans2018Lanelet2.pdf

[149] PRETTO, Paolo ; NESTI, Alessandro ; NOOIJ, Suzanne A E. ; LOSERT, Martin ; BÜLTHOFF, Heinrich H.: Variable Roll-Rate Perception In Driving Simulation. In: *Driving Simulation Conference*, 2014

[150] PROJ CONTRIBUTORS: *PROJ coordinate transformation software library.* Open Source Geospatial Foundation (Veranst.), 2023. – URL `https://proj.org/`

[151] PROJECT:SYNTROPY GMBH: 360° Projection System for Renault ROADS Driving Simulator at Technocenter Paris. 2021. – Forschungsbericht

[152] PULKKI, Ville: Virtual Sound Source Positioning Using Vector Base Amplitude Panning. In: *journal of the audio engineering society* 45 (1997), june, Nr. 6, S. 456–466

[153] RAGHUVANSHI, Nikunj ; LIN, Ming C.: Interactive Sound Synthesis for Large Scale Environments. In: *Proceedings of the 2006 Symposium on Interactive 3D Graphics and Games.* New York, NY, USA : Association for Computing Machinery, 2006 (I3D '06), S. 101–108. – URL `https://doi.org/10.1145/1111411.1111429`. – ISBN 159593295X

[154] RAMAKRISHNAN, Chandrasekhar ; GOSSMANN, Joachim ; BRÜMMER, Ludger: The ZKM Klangdom. In: *New Interfaces for Musical Expression*, 2006

[155] RAUFER, Stefan ; MASUD, Salwa ; NAKAJIMA, Hideko: Infrasound transmission in the human ear: Implications for acoustic and vestibular responses of the normal and dehiscent inner ear. In: *The Journal of the Acoustical Society of America* 144 (2018), 07, S. 332–342

[156] REASON, J.T. ; BRAND, J.J.: *Motion Sickness.* Academic Press, 1975. – URL `https://books.google.de/books?id=JMxrAAAAMAAJ`. – ISBN 9780125840507

[157] REID, Lloyd D. ; NAHON: Flight simulation motion-base drive algorithms: part 1. Developing and testing equations, 1985

[158] REYMOND, Gilles ; KEMENY, Andras: Motion Cueing in the Renault Driving Simulator. In: *Vehicle System Dynamics* 34 (2000), Nr. 4, S. 249–259. – URL `https://www.tandfonline.com/doi/abs/10.1076/vesd.34.4.249.2059`

[159] RICHTER, T.: *Planung von Autobahnen und Landstraßen*. Springer Fachmedien Wiesbaden, 2016. – URL https://books.google.de/books?id=D_NjDAAAQBAJ. – ISBN 9783658130091

[160] ROHRSCHNEIDER, Klaus ; SPITTLER, Axel R. ; BACH, Michael: Vergleich der Sehschärfenbestimmung mit Landolt-Ringen versus Zahlen. In: *Der Ophthalmologe* 116 (2019), Nov, Nr. 11, S. 1058–1063. – URL https://doi.org/10.1007/s00347-019-0879-1. – ISSN 1433-0423

[161] ROTHERMEL, Thomas: *Die sicherheitsoptimierte Längsführungsassistenz*. 08 2018. – ISBN 978-3-658-23336-5

[162] RUNGE, C.: Über empirische Funktionen und die Interpolation zwischen äquidistanten Ordinaten. In: *Schlömilch Z.* 46 (1901), S. 224–243. – URL resolver.library.cornell.edu/math/2143852

[163] SCHÄUFFELE, Jörg ; ZURAWKA, Thomas: *Automotive Software Engineering: Grundlagen, Prozesse, Methoden und Werkzeuge effizient einsetzen.* 6., überarb. und erw. Aufl. Wiesbaden : Springer Vieweg, 2016 (ATZ-MTZ-Fachbuch). – ISBN 978-3-658-11815-0

[164] SCHIROTZEK, Winfried ; SCHOLZ, Siegfried: *Grenzwert und Stetigkeit von Funktionen.* S. 96–108. In: *Starthilfe Mathematik: Für Studienanfänger der Ingenieur-, Natur- und Wirtschaftswissenschaften.* Wiesbaden : Vieweg+Teubner Verlag, 2005. – URL https://doi.org/10.1007/978-3-322-82203-1_9. – ISBN 978-3-322-82203-1

[165] SCHMEITZ, A. ; BESSELINK, Igo ; HOOGH, J. ; NIJMEIJER, Henk: Extending the Magic Formula and SWIFT tyre models for inflation pressure changes. (2005), 01

[166] SCHMIDT, Robert F. ; LANG, Florian (Hrsg.): *Physiologie des Menschen.* 30., neu bearbeitete und aktualisierte Auflage. Berlin, Heidelberg : Springer, 2007 (SpringerLink : Bücher). – Online–Ressource (XXII, 1037 S, online resource) S. – URL http://dx.doi.org/10.1007/978-3-540-32910-7. – ISBN 978-3-540-32910-7

[167] Schramm, Tobias: *DER HOCHIMMERSIVE FAHRSIMULATOR.* 2022. – URL https://tu-dresden.de/bu/verkehr/iad/kft/ die-professur/ausstattung/fahrsimulator-1. – Zugriffsdatum: 2022-12-22

[168] Schwab, Benedikt ; Beil, Christof ; Kolbe, Thomas H.: Spatio-Semantic Road Space Modeling for Vehicle–Pedestrian Simulation to Test Automated Driving Systems. In: *Sustainability* 12 (2020), Mai, Nr. 9, S. 3799. – URL https://doi.org/10.3390/su12093799

[169] Schwieger, V. ; Wanninger, L.: Potential von GPS Navigationsempfängern. In: *GPS und Galileo – Methoden, Lösungen und neueste Entwicklungen.* Augsburg : Wißner Verlag, 2006, S. 280. – ISBN 978-3-89639-521-4

[170] Shahzadeh, A: Toolpath Smoothing using Clothoids for High Speed CNC Machines. (2019), 1. – URL https://dro.deakin.edu. au/articles/thesis/Toolpath_Smoothing_using_Clothoids_ for_High_Speed_CNC_Machines/21113440

[171] Snyder, John P.: *Map Projections - A Working Manual.* 1987

[172] Spector, Robert H. ; Walker, H. K. (Hrsg.) ; Hall, W. D. (Hrsg.) ; Hurst, J. W. (Hrsg.): *Clinical Methods: The History, Physical, and Laboratory Examinations.* 3. 1990

[173] Stratulat, Anca ; Roussarie, Vincent ; Vercher, Jean-Louis ; Bourdin, Christophe: Improving the realism in motion-based driving simulators by adapting tilt-translation technique to human perception. In: *2011 IEEE Virtual Reality Conference*, 2011, S. 47–50

[174] Suri, Kadambari ; Clark, Torin: Human vestibular perceptual thresholds for pitch tilt are slightly worse than for roll tilt across a range of frequencies. In: *Experimental Brain Research* 238 (2020), 06

[175] Thompson, William B. ; Willemsen, Peter ; Gooch, Amy A. ; Creem-Regehr, Sarah H. ; Loomis, Jack M. ; Beall, Andrew C.: Does the Quality of the Computer Graphics Matter when Judging Distances in

Visually Immersive Environments? In: *Presence: Teleoperators & Virtual Environments* 13 (2004), S. 560–571

[176] TOMASKE, W. ; MEYWERK, M.: *Möglichkeiten zur Vermittlung von subjektiven Fahreindrücken mit Fahrsimulatoren.* Kap. 1, S. 1–16. In: *Subjektive Fahreindrücke sichtbar machen III*, K. Becker, 2006

[177] TOMTOM INTERNATIONAL BV.: *AutoStream - Innovative map delivery for automated driving.* 2022

[178] TOMTOM INTERNATIONAL BV. ; ELEKTROBIT AUTOMOTIVE GMBH: Extending the vision of automatedvehicles with HD Maps and ADASIS. – Forschungsbericht

[179] VDA QMC WORKING GROUP 13 / AUTOMOTIVE SIG: *Automotive SPICE Process Assessment / Reference Model 3.1.* 2017

[180] WARREN, William: Self-Motion: Visual Perception and Visual Control. In: *Perception of Space and Motion* (1995), 01

[181] WEINZIERL, Stefan: *Grundlagen.* S. 1–39. In: WEINZIERL, Stefan (Hrsg.): *Handbuch der Audiotechnik.* Berlin, Heidelberg : Springer Berlin Heidelberg, 2008. – URL https://doi.org/10.1007/978-3-540-34301-1_1. – ISBN 978-3-540-34301-1

[182] WIESEBROCK, Andreas: *Implementierung.* S. 83–86. In: *Ein universelles Fahrbahnmodell für die Fahrdynamiksimulation.* Wiesbaden : Springer Fachmedien Wiesbaden, 2016. – URL https://doi.org/10.1007/978-3-658-15613-8_5. – ISBN 978-3-658-15613-8

[183] WOLF, H.: Ergonomische Untersuchung des Lenkgefühls an Personenkraftwagen, 2009

[184] WORTHOFF, W.A. ; KROJANSKI, H.G. ; SUTER, D.: *Medizinphysik in Übungen und Beispielen.* De Gruyter, 2012 (De Gruyter Studium). – URL https://books.google.de/books?id=qFfnBQAAQBAJ. – ISBN 9783110266191

[185] YANG, Can ; GIDOFALVI, Gyozo: Fast map matching, an algorithm integrating hidden Markov model with precomputation. In: *International*

Journal of Geographical Information Science 32 (2018), Nr. 3, S. 547 – 570

[186] ZAICHIK, L. ; RODCHENKO, V. ; RUFOV, I. ; YASHIN, Y. ; WHITE, A.: *Acceleration perception.* In: *Modeling and Simulation Technologies Conference and Exhibit*, URL https://arc.aiaa.org/doi/abs/10. 2514/6.1999-4334, 1999

[187] ZANDBERGEN, Paul: Accuracy of iPhone Locations: A Comparison of Assisted GPS, WiFi and Cellular Positioning. In: *Transactions in GIS* 13 (2009), 06, S. 5 – 25

[188] ZENNER, H.-P.: *Hören.* S. 305–328. In: SCHMIDT, Robert F. (Hrsg.): *Neuro- und Sinnesphysiologie.* Berlin, Heidelberg : Springer Berlin Heidelberg, 1995. – URL https://doi.org/10.1007/978-3-662-22217-1_ 11. – ISBN 978-3-662-22217-1

[189] ZENNER, H. P.: *Gleichgewicht.* S. 312–327. In: SCHMIDT, F. (Hrsg.) ; SCHAIBLE, H.-G. (Hrsg.): *Neuro- und Sinnesphysiologie.* Berlin, Heidelberg : Springer Berlin Heidelberg, 2006. – URL https://doi.org/ 10.1007/3-540-29491-0_12. – ISBN 978-3-540-29491-7

[190] ZENNER, H. P.: *Hören.* S. 287–311. In: SCHMIDT, F. (Hrsg.) ; SCHAIBLE, H.-G. (Hrsg.): *Neuro- und Sinnesphysiologie.* Berlin, Heidelberg : Springer Berlin Heidelberg, 2006. – URL https://doi.org/10.1007/ 3-540-29491-0_11. – ISBN 978-3-540-29491-7

[191] ZÖLLER, Ilka M.: *Analyse des Einflusses ausgewählter Gestaltungsparameter einer Fahrsimulation auf die Fahrerverhaltensvalidität.* Darmstadt, Technische Universität, Dissertation, Juni 2015. – URL http: //tuprints.ulb.tu-darmstadt.de/4608/

[192] ÖDEGAARD, Torkel: Grafana - Beautiful Metrics, Analytics, dashboards and monitoring! (2014). – URL https://grafana.com/

Anhang

A. Sammlung von Richtlinien für die Anlage von Straßen

A1.1 Richtlinien Entwurfselemente

Tabelle A1.1: Zusammenfassung der Entwurfsmerkmale von Autobahnen

Entwurfsklasse		EKA 1 A	EKA 1 B	EKA 2	EKA 3
Straßenkategorie		AS O AS I	AS II	AS O AS I AS II	AS II
$v_{max\text{-}zul}$			keine		27,78
v_e		36,11	33,33	27,78	22,22
Querschnitt					
Regelquerschnitt		RQ 43,5 RQ 36,0 RQ 31,0		RQ 28,0	RQ 38,5 RQ 31,5 RQ 25,0
Netzfunktion		Fernautobahn	Überregional- autobahn	Autobahn- ähnliche Straße	Stadtautobahn
Ausfahrt	L_{Aus}		$n_{Aus} \cdot 250$		$n_{Aus} \cdot 150$
	L_Z		$n_Z \cdot 60$		$n_Z \cdot 30$
Einfahrt	L_{Ein}		$n_{Ein} \cdot 250$		$n_{Ein} \cdot 150$
	L_Z		60		30
	Δs_Z		500		

M. Kehrer, *Driver-in-the-loop Framework zur optimierten Durchführung
virtueller Testfahrten am Stuttgarter Fahrsimulator*, Wissenschaftliche
Reihe Fahrzeugtechnik Universität Stuttgart,
https://doi.org/10.1007/978-3-658-43958-3

Lageplan					
Gerade	L_{max}	2000			
	L_{min}	$\begin{cases} 400 & \kappa_{i-1,S} \cdot \kappa_{i+1,E} > 0 \\ 0 & \text{sonst} \end{cases}$			
Kurve	L_{min}	75		55	
	R_{min}	900	720	470	280
Kurve	1.Regel	$\dfrac{R_i}{R_{i+iKu}} \leq 1,5$ falls $R_i \leq 1500 \wedge (iKu \leq 3)$			
	2.Regel	$R_{min} = 1300$ falls $L_{i+iG} > 500 \wedge iG \leq 2$			-
Klothoide	A_{min}	300	240	160	90
	1.Regel	$R/3 \leq A \leq R$			
	2.Regel	$A_i \leq 1,5 \cdot A_{i+iKl}$ falls (iKl == 1 $\wedge$ $A_{i+iKl} \leq 300$)			
Höhenplan					
$s_{H,max}$		4,0	4,5	4,5	6,0
$H_{K,min}$		13000	10000	5000	3000
$H_{W,min}$		8800	5700	4000	2600
$T_{H,min}$		150	120	100	100
Querneigung					
Gerade	q_{min}	2,5			
Kurve	q	$\begin{cases} -2,5 & R_i \cdot R_{i\pm iKU} < 0 \wedge \\ & |R_{i\pm iKu}| > R_{min}(q = -2,5, v_e) \\ 2,5 & R > R_{min}(q = 2,5, v_e) \\ 6,0 & R < R_{min}(q = 6,0, v_e) \\ -4 \cdot \left(ln\left(\dfrac{R}{R_{min}(q = 2,5, v_e)} \right) \right) & \text{sonst} \end{cases}$			
Klothoide	Δs_{max}	$\begin{cases} 0,9 & a_q \geq 4 \\ 0,225 \cdot a_q & \text{sonst} \end{cases}$		$\begin{cases} 0,9 & a_q \geq 4 \\ 0,25 \cdot a_q & \text{sonst} \end{cases}$	
	Δs_{min}	$0,10 \cdot a_q$			
Schrägneigung					
p_{max}		9,0			

Tabelle A1.2: Zusammenfassung der Entwurfsmerkmale von Rampen

v_e		30	40	50	60	70	80
Querschnitt							
Rampensystem I	Q1	$L \leq 500 \vee Q \leq 1350$					
	Q2	$L > 500 \vee Q \leq 1350$					
	Q3	$Q > 1350$					
Rampensystem II	Q1	$L_{\parallel} \leq 125 \vee Q \leq 1350$					
	Q2	$Q > 1350$					
	Q4	$L_{\parallel} > 125 \vee Q \leq 1350$					
Netzfunktion		Rampensystem I: Verkehrskreuze/-dreiecke					
		Rampensystem II: Anschlussstellen					
Lageplan							
Kurve	R_{min}	30	50	80	125	180	250
Klothoide	1.Regel	$R/3 \leq A \leq R$					
Höhenplan							
$s_{H,max}$		6					
$s_{H,min}$		-7					
$H_{K,min}$		1000	1500	2000	2800	3000	3500
$H_{W,min}$		500	750	1000	1400	2000	2600
Querneigung							
Gerade	q_{min}	2,5					
	q_{max}	6					
Kurve	q	$\begin{cases} -2,5 & R_i \cdot R_{i \pm iKu} < 0 \wedge \\ & |R_{i \pm iKu}| > 1000 \\ 2,5 & R > R_{min}(q = 2,5, v_e) \\ 6,0 & R < R_{min}(q = 6,0, v_e) \\ -8,33 \cdot \left(ln \left(\dfrac{R}{R_{min}(q = 2,5, v_e)} \right) \right) & \text{sonst} \end{cases}$					
Klothoide	Δs_{min}	$0,1 \cdot a_q$					
Schrägneigung							
p_{max}		9,0					

Tabelle A1.3: Zusammenfassung der Entwurfsmerkmale von Landstraßen

Entwurfsklasse		EKL 1	EKL 2	EKL 3	EKL 4
Straßenkategorie		LS I	LS II	LS III	LS IV
Netzfunktion		Kraftfahrstraße	allg. Verkehr		
$v_{\text{max-zul}}$		keine			27,78
v_e		30,56	27,78	25	19,44
Querschnitt					
Regelquerschnitt		RQ 21	RQ 21	RQ 21	RQ 9
		RQ 15,5	RQ 11,5+	RQ 11	
Ausfahrt	L_{Aus}	$150 + (n_{Aus} - 1) \cdot 50$			
	L_Z	30			
Einfahrt	L_{Ein}	$150 + (n_{Ein} - 1) \cdot 50$			
	L_Z	30			
Lageplan					
Gerade	L_{max}	1500			
	L_{min}	$\begin{cases} 600 & \kappa_{i-1,S} \cdot \kappa_{i+1,E} > 0 \\ 0 & \text{sonst} \end{cases}$			$\begin{cases} 400 & \kappa_{i-1,S} \cdot \\ & \kappa_{i+1,E} > 0 \\ 0 & \text{sonst} \end{cases}$
Kurve	L_{min}	70	60	50	40
	R_{min}	500	400	300	200
	R_{max}	-	900	600	400
	1.Regel	$R_i \geq \begin{cases} 0{,}0002 \cdot (1500 - R_{i-iKu}) + 500 \\ \quad (R_{i-iKu} \leq 1500 \wedge iKu < iG \vee L_{i-iG} < 300) \\ 0 \quad \text{sonst} \end{cases}$			
	2.Regel	$R_i \leq \begin{cases} -61{,}72 \cdot \sqrt{500 - R_{i-iKu}} + 1500 \\ \quad\quad R_i \leq 500 \wedge (iKu < iG \vee L_{i-iG} < 300) \\ 0 \quad \text{sonst} \end{cases}$			
	3.Regel	$R_i \geq \begin{cases} 120 + 0{,}15 \cdot (L_{i-iG}) & L_{i-iG} \leq 300 \wedge iG \leq 2 \\ 450 & L_{i-iG} \geq 300 \wedge iG \leq 2 \\ 0 & \text{sonst} \end{cases}$			
Klothoide	A_{min}	100			
	1.Regel	$R/3 \leq A \leq R$			
	2.Regel	$A_i \leq \begin{cases} 1{,}5 \cdot A_{i-iKl} & iKl == 1 \\ 1{,}5 \cdot A_{i-iKl} & iKl == 2 \wedge iKu == 1 \\ 1{,}5 \cdot A_{i-iKl} & iKl == 2 \wedge iG == 1 \wedge \\ & L_{i-iG} \leq 0{,}08 \cdot (A_i + A_{i-iKl}) \end{cases}$			
Klothoide	3.Regel	$L_i > \begin{cases} 200 & iKl == 1 \\ 0 & \text{sonst} \end{cases}$		$\begin{cases} 150 & iKl == 1 \\ 0 & \text{sonst} \end{cases}$	$\begin{cases} 100 & iKl == 1 \\ 0 & \text{sonst} \end{cases}$

Höhenplan				
$s_{H,max}$	4,5	5,5	6,5	8,0
$s_{H,min}$	-4,5	-5,5	-6,5	-8,0
$H_{K,min}$	8000	6000	5000	3000
$H_{W,min}$	4000	3500	3000	2000
$T_{H,min}$	100	85	70	55

Querneigung			
Gerade	q_{min}	2,5	
Kurve	q	$\begin{cases} -2,5 & R > 3000 \\ 2,5 & R > 1000 \\ 2,5 & R > 300 \wedge v_{max\text{-}zul} = 19,44 \\ 7,0 & R < 150 \\ 7,0 & R < 350 \wedge v_{max\text{-}zul} > 19,44 \\ -6,49 \cdot ln\left(\frac{R}{300}\right) + 2,5 & v_{max\text{-}zul} = 19,44 \\ -4,29 \cdot ln\left(\frac{R}{1000}\right) + 2,5 & sonst \end{cases}$	
Klothoide	Δs_{max}	0,8	1,0	1,5
	Δs_{min}	$0,10 \cdot a_q$	

Schrägneigung	
p_{max}	10,0

Tabelle A1.4: Zusammenfassung der Entwurfsmerkmale von Stadtstraßen

		VS II / VS III	HS III / HS IV	ES IV	ES V
Straßenkategorie		VS II / VS III	HS III / HS IV	ES IV	ES V
Netzfunktion		Anbaufreie Hauptverkehrsstraßen	Angebaute Haupt.	Erschießungs--straßen	
$v_{max\text{-}zul}$		19,44	13,89		
v_e		19,44	13,89	^{2}	
Querschnitt					
Regelquerschnitt		RQ 12	RQ 4 - 11	RQ 1 - 5	RQ 7 - 10
Lageplan					
Kurve	$R_{min,q \geq 0}$	190	80	10	
Kurve	$R_{min,q < 0}$	700	250	-	
Klothoide	A_{min}	90	50	-	
Höhenplan					
$s_{H,max}$		$6,0\ (8,0)^3$		$8,0\ (12,0)^3$	
$s_{H,min,\dot{q} \neq 0}$		$\begin{cases}0,7 & \text{ohne Hochbord}\\0,5 & \text{mit Hochbord}\end{cases}$		-	
$H_{K,min}$		2200	900	250	50
$H_{W,min}$		1200	500	150	20
Querneigung					
Gerade	q_{min}	2,5		-	
Kurve	q_{min}	2,5		-	
Kurve	q_{max}	$6,0\ (7,0)^3$		2,5	
Kurve	q	$-4,68 \cdot ln\left(\frac{R}{R_{min}(q=2,5,v_e)}\right) + 2,5$		-	
Klothoide	Δs_{max}	$\begin{cases}2,0 & a_q \geq 4,0\\0,5 \cdot a_q & \text{sonst}\end{cases}$	$\begin{cases}1,6 & a_q \geq 4,0\\0,4 \cdot a_q & \text{sonst}\end{cases}$	-	
Klothoide	Δs_{min}	$0,10 \cdot a_q$			
Schrägneigung					
p_{max}		6,0			

---

[2] Keine fahrdynamischer Herleitung der Entwurfselemente.
[3] In Ausnahmefällen.

A1.2 Richtlinien Straßenmarkierung

Tabelle A1.5: Abmessungen Straßenmarkierungen nach [66]

Straßenkategorie	Autobahn	Außerorts	Innerorts
Strichbreiten			
Schmalstrich	0,15 m	0,12 m	
Breitstrich	0,30 m	0,25 m	
Strichlängen			
1:2	6 m:12 m	4 m:8 m	3 m:6 m
2:1	6 m:3 m	4 m:2 m	3 m:1,5 m
1:1	6 m:6 m	3 m:3 m	

Je nach Straßenkategorie werden nach [66] unterschiedliche Markierungsarten gefordert. Auf Straßen der Kategorie EKA wird der Schmalstrick für die Abgrenzung von Fahrstreifen und der Breitstrich zur Abgrenzung der Fahrbahn eingesetzt. Für Quermarkierungen werden die in Tabelle A1.6 enthaltenen Abmessungen festgelegt.

Tabelle A1.6: Abmessungen Quermarkierungen nach [66]

Funktion	Breite	Länge	Abstand
Haltelinie	0,5 m	-	-
Wartelinie	0,5 m	0,5 m	0,25 m
Fußgängerfurt	0,12 m	0,5 m	0,2 m
Radfahrerfurt	0,25 m	0,5 m	0,2 m
Zebrastreifen	0,5 m	> 3 m	0,5 m

B. Algorithmen

```
1  Function GetBoundingBox(s_max, t_L,max, t_R,max):
      Input  :Streckenlänge s_max und max. Spurbreiten nach links t_L,max und rechts t_R,max
      Output :Bounding Box B
2  while s ≤ s_max do
3        getLanePos(s, t_L,max, x_L, y_R)
4        getLanePos(s, t_R,max, x_R, y_L)
5        if s = 0 then
6              B_min ← (min(x_L, x_R), min(y_L, y_R))
7              B_max ← (max(x_L, x_R), max(y_L, y_R))
8        else
9              B_min ← (min(B_x,min, x_L, x_R), min(B_y,min, y_L, y_R))
10             B_max ← (max(B_x,max, x_L, x_R), max(B_y,max, y_L, y_R))
11       end
12       if s = s_max then
13             return B
14       end
15       if s + 1 > s_max then
16             s ← s_max
17       else
18             s ← s + 1
19       end
20  end
21  return B
```

Abbildung B1.1: Pseudocode: Bounding Box Algorithmus

```
 1  Function GetLaneLocation(x_P, y_P, lightMask, G_{L,-1}):
        Input  : Kartesische Koordinaten x_P und y_P, Zustand der Fahrzeugbeleuchtung lightMask, letztes
                 Geometrieelement G_{L,-1}
        Output : Spurposition pos_L
 2      if G_{L,-1} != 0 and isInside(G_{L,-1}, x_P, y_P) = false then
 3          G_L ← getSuc(G_{L,-1}, x_P, y_P, lightMask)
 4          if G_L = 0 then
 5              G_L ← getPre(G_{L,-1}, x_P, y_P, lightMask)
 6          end
 7      end
 8      if G_L = 0 then
 9          G_{L,k} = queryRTree(x_P, y_P)
10          for g ← 1 to k do
11              if isInside(G_{L,g}, x_P, y_P) then
12                  G_L ← G_{L,g}
13                  break
14              end
15          end
16      end
17      if G_L = 0 then
18          for r ← 1 to n_{Road} do
19              for g ← 1 to n_{r,G} do
20                  if isInside(G_{i,g}, x_P, y_P) then
21                      G_L ← G_{r,g}
22                      break
23                  end
24              end
25          end
26      end
27      G_{L,-1} ← G_L
28      if G_L = 0 then
29          return Null
30      else
31          pos_L = getLanePos(G_L, x_P, y_P)
32      end
33  return pos_L
```

Abbildung B1.2: Pseudocode: Fahrbahn Lokalisierungs Algorithmus

C. Straßenprofile ISO 8608

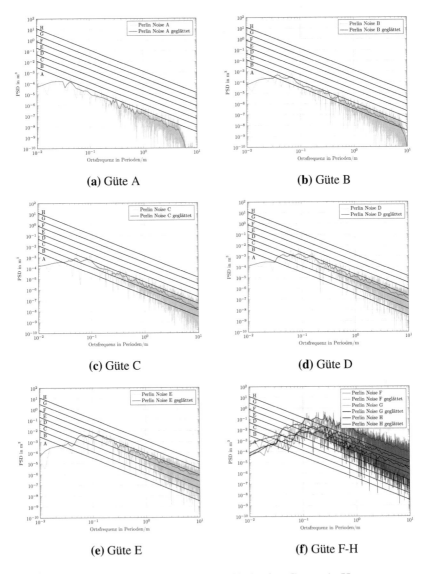

(a) Güte A

(b) Güte B

(c) Güte C

(d) Güte D

(e) Güte E

(f) Güte F-H

Abbildung C1.1: Generierte Straßenprofile in den Güten A–H

Printed in the United States
by Baker & Taylor Publisher Services